综合利用水利工程 PPP项目收益损失计算和补偿方法研究

李智勇 著

中国水利水电出版社
www.waterpub.com.cn
·北京·

内 容 提 要

本书以综合利用水利工程 PPP 项目为研究对象，分析综合利用水利工程 PPP 项目的“BOOT+BTO”运作模式，在运行调度过程随机性分析基础上研究综合利用水利工程 PPP 项目的收益计算，运用 Copula 函数构建综合利用水利工程 PPP 项目的联合收益损失计算模型，探讨政府和社会资本的收益损失补偿博弈，设计综合利用水利工程 PPP 项目的收益损失补偿方法。

本书针对综合利用水利工程 PPP 项目运行调度规则调整的收益损失及其补偿方法的理论与方法，开展一系列探讨性研究，为促进综合利用水利工程 PPP 项目的可持续运作提供了有效方法和途径。

本书可供水利水电工程建设管理人员、工程项目管理专业研究生、PPP 项目研究人员参考。

图书在版编目（CIP）数据

综合利用水利工程PPP项目收益损失计算和补偿方法研究 / 李智勇著. -- 北京 : 中国水利水电出版社, 2022.11

ISBN 978-7-5226-1054-2

Ⅰ. ①综… Ⅱ. ①李… Ⅲ. ①政府投资－合作－社会资本－应用－水利工程管理－项目管理－研究 Ⅳ. ①TV512

中国版本图书馆CIP数据核字(2022)第196880号

书　名	**综合利用水利工程 PPP 项目收益损失计算和补偿方法研究** ZONGHE LIYONG SHUILI GONGCHENG PPP XIANGMU SHOUYI SUNSHI JISUAN HE BUCHANG FANGFA YANJIU
作　者	李智勇 著
出版发行	中国水利水电出版社 （北京市海淀区玉渊潭南路 1 号 D 座　100038） 网址：www.waterpub.com.cn E-mail：sales@mwr.gov.cn 电话：(010) 68545888（营销中心）
经　售	北京科水图书销售有限公司 电话：(010) 68545874、63202643 全国各地新华书店和相关出版物销售网点
排　版	中国水利水电出版社微机排版中心
印　刷	清淞永业（天津）印刷有限公司
规　格	170mm×240mm　16 开本　11.75 印张　230 千字
版　次	2022 年 11 月第 1 版　2022 年 11 月第 1 次印刷
定　价	**59.00** 元

前言

在国家鼓励和引导社会资本参与重大水利工程建设运营的大背景下，作为供水资源化管理重要工程措施的综合利用水利工程，也在推广运用PPP项目模式，在减轻政府建设融资压力的同时，实现供水、灌溉、发电和防洪调度等综合目标。综合利用水利工程PPP项目的特许经营过程中，不可避免地会发生突发应急事件，引起运行调度规则改变，进而对PPP项目的收益产生影响，因此，需要研究并设计有效的PPP项目运作模式和补偿措施，在满足公益性应急调度需要的同时，保障社会资本参与综合利用水利工程PPP项目的合理收益。

本书围绕综合利用水利工程PPP项目的运作模式、收益损失和补偿方法等开展研究，旨在为综合利用水利工程PPP项目实施公益性应急调度和其他运行调度规则调整时的收益损失量化和补偿措施优化提供理论支持，促进综合利用水利工程PPP项目的可持续运作。

本书共分为9章。内容包括：绪论、水利工程PPP项目及其实践情况、综合利用水利工程及其运行调度随机分析、综合利用水利工程PPP项目的“BOOT＋BTO”运作模式、综合利用水利工程PPP项目的收益结构分析、综合利用水利工程PPP项目的收益损失计算、综合利用水利工程PPP项目的收益损失补偿、实例分析和总结与展望。

本书主要包括以下创新点：

(1) 研究综合利用水利工程的投资特征和资产结构特征，分析综合利用水利工程PPP项目的BOT运作模式存在的不足，设计综合利用水利工程PPP项目的“BOOT＋BTO”运作模式。

（2）基于广义概率密度演化方程分析综合利用水利工程PPP项目的运行调度随机过程，构建包括BOOT经营型设施的特许经营收益、BTO非经营型设施的政府付费、政府补贴和收益损失补偿在内的综合利用水利工程PPP项目的收益计算模型。

（3）研究综合利用水利工程PPP项目运行调度规则调整时的收益损失，运用Copula函数分析发电收益和供水收益的联合收益损失，构建综合利用水利工程PPP项目的收益损失计算模型。

（4）研究水利工程PPP项目的柔性调节机制，设计收益损失的触发补偿模型，建立政府和社会资本之间基于应急努力程度和补偿分配系数的收益损失补偿博弈模型，提出了综合利用水利工程PPP项目的收益损失补偿方法。

在本书的成稿过程中，华北水利水电大学聂相田教授、王博副教授、杨耀红教授、马明卫副教授、苑晨阳博士、范天雨博士、冯凯博士、郜军艳博士、徐立鹏硕士、刘晨博士，中国三峡建工（集团）有限公司罗刚高级工程师，中国长江电力股份有限公司许林涛高级工程师，黄河水利勘测设计研究院有限公司王攀科高级工程师等给予的帮助和支持，在此一并致谢。

限于作者的水平，书中难免存在疏漏之处，恳请读者批评指正。

作者

2022年5月

目 录

第 1 章 绪论

1.1 研究背景

兴水利、除水患，历来是治国安邦的大事。在党中央、国务院的坚强领导下，各级水利部门心怀“国之大者”，完整、准确、全面贯彻新发展理念，深入落实习近平总书记提出的“节水优先、空间均衡、系统治理、两手发力”的治水思路和关于治水重要讲话指示批示精神，明确了推动新阶段水利高质量发展的主题、路径、步骤，形成了以 69 项水利专业规划为主体的定位准确、边界清晰、功能互补、统一衔接的“十四五”水利发展规划体系[1]。截至 2018 年年底，全国范围内建成各类水库 10 万余座、5 级以上堤防工程 30 多万 km、规模以上水闸 10 万余座、泵站 9.5 万余处、各类灌区 2.2 万余处，全国水利工程供水能力为 8500 多亿 m^3，已基本建成了较为完善的江河防洪、水电开发、农田灌溉和城乡供水等全方位水利工程体系，大江大河干流已基本形成了水库、堤防、蓄滞洪区等组成的防洪减灾工程体系，城镇供水保障、农村饮水困难和农业灌溉用水基本得到解决。但同时要看到，我国部分区域、流域防洪减灾和供水保障体系尚不完善，部分大江大河控制性工程不足、堤防不达标，存在病险问题的水库近 2 万座，未经治理的有防洪任务的中小河流 7 万多 km，西南等地区工程性缺水严重。这就要求我们深刻认识、准确把握当前水利工作面临的形势，弘扬伟大建党精神，坚持稳中求进工作总基调，完整、准确、全面贯彻新发展理念，加快构建新发展格局，统筹发展和安全，统筹水灾害、水资源、水生态、水环境系统治理，推动新阶段水利高质量发展，为全面建设社会主义现代化国家提供有力的水安全保障。

我国的水电站、水库、堤防、引调水和灌区工程等大型水利工程，主要是为了满足人民生活安定和社会经济发展所进行的公益性和准公益性项目建设，且具有投资规模大、建设周期长、参建单位多、面临风险复杂、受政府管控程度大且盈利能力弱等特点，因此，大部分水利工程主要以政府财政投资为主，社会资本的参与程度较低。近年来，为了加快水利改革发展，拓宽水利投融资渠道，促进经济持续健康发展，国家出台了一些吸引社会资本参与水利工程建设的政策措施。2017年12月7日，国家发展改革委和水利部联合印发的《政府和社会资本合作建设重大水利工程操作指南（试行）》，对政府负有提供责任、需求长期稳定和较适宜市场化运作、采用PPP模式建设运营的重大水利工程项目，包括重大水源工程、重大引调水工程、大型灌区工程和江河湖泊治理骨干工程等提出了举措的操作指引。2022年5月31日，水利部印发了《关于推进水利基础设施政府和社会资本合作（PPP）模式发展的指导意见》，强调要本着“既要建成精品工程，又要搞好持续运营”的原则，加强水利基础设施PPP项目全过程管理和水利工程全生命周期管理，强化社会资本履约监管、项目运行监督和绩效评价，提高水利基础设施建设和运营管理水平，实现经济效益、社会效益、生态效益、安全效益相统一。

国家大力推广的PPP模式改变了长期以来单一的政府提供公共产品方式，创新性地由合作供给方式补充政府供给方式，通过引入社会资本参与到基础设施建设和公共产品服务中，有效地利用市场竞争机制和社会化管理技能，提高项目建设管理水平和运行管理效率，是实施“两手发力”的重要举措。PPP项目模式在水利工程领域的推广应用，一方面缓解了政府单独投资水利工程的债务压力；另一方面，一大批水利工程项目通过引进优质社会资本，通过设计阶段优化、建设阶段强化、运营阶段现代化等方式进行项目全生命周期管理，提高了投资效率和工程建设运行管理水平，工程建设的投资、工期、质量和安全目标得到较好的控制，工程的运行管理水平、资本运作水平、运营收益和社会服务质量得到了提高，社会资本也通过PPP项目渠道，使其资本、管理与技术优势资源得以输出并获得长期稳定的经济回报；同时，通过PPP项目的市场机制，克服了由政府单一投资水利工程项目时不同程度存在的项目建设与管理缺乏竞争与约束机制，经常出现的投资超限、工期延误、设计功能不能完全发挥甚至出现长期的工程设施闲置等弊端。PPP项目模式在综合利用水利工程的推广应用已经获得了一定程度的实践成果，但也存在一定的缺陷和不足。

本书研究工作面向综合利用水利工程PPP项目不断增加背景下的水库防洪调度及其效益损失问题，开展综合利用水利工程PPP项目的运作模式、特许经营期收益损失风险和补偿方法理论与方法研究，以期达到综合利用水利工程PPP项目在满足防洪调度要求的前提下实现洪水资源充分利用、运行管理水平提升以及综合效益最大化，研究工作对综合利用水利工程PPP项目的建设运营具有一定的理论指导意义。

1.2 国内外研究现状

针对本书主要研究的综合利用水利工程PPP项目运作模式、收益损失和补偿方法等内容，在梳理PPP项目模式的发展历程基础上，对PPP项目风险管理和收益分配、PPP项目再谈判和补偿机制以及综合利用水利工程运行调度效益损失三个方面开展国内外研究现状分析。

1.2.1 PPP项目风险管理和收益分配的研究现状

PPP模式作为当前备受关注的政府和社会资本合作模式，已经被广泛应用于各类基础设施建设和民生服务工程中。相比于传统的政府包办模式，PPP模式在减轻政府资金压力的同时，能够有效地提高建设运管效率，尽最大努力满足社会公众的认可。但PPP模式也存在一定的缺点，如社会资本的融资成本较高导致项目成本增加，过多的政府干预可能会导致项目执行困难，社会资本能否保证项目顺利完成存在不确定性等，这些因素决定了PPP模式必然存在风险。PPP项目不仅涉及与工程项目相关的安全风险和质量风险，还涉及因采用PPP模式建设和运营所带来的融资风险和运营风险等。

PPP项目的风险识别是对风险发生的潜在原因进行的感知分析和总结研究，国内外文献从不同角度PPP项目风险因素识别进行了研究。Li等[2]研究了英国PPP项目的风险分析，识别出微观、中观和宏观三个层级共47个风险因素；Medda[3]将交通设施PPP项目的风险分为技术风险、商业风险、政治风险和融资风险；Ke等[4]根据PPP项目的本质和特征识别出PPP项目的37个主要风险，归纳为政治风险、建造风险、经营风险、法律风险、市场收益风险、财经风险和其他风险7个大类；Tang等[5]通过文献综述研究了PPP项目风险识别和风险分类；Ebrahimnejad等[6]识别了PPP项目中的特有风险，包括财政风险、剩余价值风险和招投标风险；Jin等[7]分析了PPP项目需求量的难以准确估计和需求风险后果严重，认为需求风险是PPP项目的最主要风险之一；Song等[8]调研了中国23个PPP项目实践情况，分析影响PPP项目提前终止的风险因素，指出政府决策失误和政府支付延迟是PPP项目提前终止的主要原因；Geoffroy、Loosemore和Osei-Kyei等[9-11]分别运用实践总结分析和专家调研的方法研究了PPP项目的主要影响因素；Wu等[12]通过实证分析与问卷调查，从政治因素、项目自身因素、利益相关者因素和经济因素等方面分析了PPP项目的社会风险发展过程；Bianca等[13]分析了PPP伙伴关系形成的风险意识和风险管理实践，建立了PPP项目的风险管理框架；Shan[14]从中国改革开放的角度总结分析了建设企业PPP项目的风险管理现状；Jiang等[15]采用模糊解释结构模型和矩阵影响交叉引用乘法识别了中国PPP项目的重大风险及风险关系。亓霞等[16]分析了PPP模式的主要风险因素并列出了风险清单；柯永建[17]根据PPP项目失败案例分析，归纳了PPP项目失败的重要风险因素；陈炳权等[18]以泉州某废水处理PPP项目为研究对象，识别了废水处理PPP项目的关键风险因素；孙艳丽等[19]

以ISM模式探讨如何找出PPP项目的主要风险因素；李丽等[20]从全生命周期视角按照决策阶段、融资阶段、建设阶段、运营阶段以及全生命周期重新划分了基础设施领域PPP项目的风险；陈海涛等[21]研究了不同时间条件情况下PPP项目提前终止风险的内在关系，构建了提前终止风险的传递网络；谭艳艳等[22]根据政府方在PPP项目中的定位分析识别了政府方的债务风险；廖石云等[23]分析了“一带一路”跨境PPP项目面临的风险并提出了应对策略；袁竞峰等[24]研究了不同回报机制情况下PPP项目社会风险的发生发展机理。

PPP项目风险评价既要确定风险发生的概率，又要分析风险发生会造成的不利影响，国内外学者主要采用定性评价和定量评价两种方法进行PPP项目的风险评价。Sadeghi等[25]借助Monte Carlo模拟分析了风险因素对交通PPP项目成本控制的影响；Ameyaw等[26]运用模糊综合评价方法分析了发展中国家水资源PPP项目的关键风险因素；Thomas等[27]研究得出与资金有关的PPP项目风险适宜采用敏感性分析法进行风险评价；Likhitruangsilp、Ahmad等[28-29]运用专家经验判断和问卷调查方法分析了PPP项目社会风险的产生、传播和涌现特征；Xu等[30]运用模糊综合评价法对识别出的17个PPP项目关键风险进行了排序和评价；Kumar等[31]基于蒙特卡洛模拟的NPV风险分析工具研究了公路PPP项目的关键财务风险；Ahmadabadi等[32]利用结构方程建模设计了PPP项目以风险互动和项目成功为核心的风险评估框架；裴劲松等[33]研究了多因素敏感性分析在交通PPP项目融资风险评价中的应用；王建波等[34]运用AHP方法研究了城市交通PPP项目的融资风险及其风险评价；王森等[35]构建了基于直觉模糊集的PPP项目风险评价模型；陈鹏[36]将模糊集、AHP和灰色理论结合对PPP项目的融资风险进行了评价；赵辉等[37]利用层次分析法、熵理论和云模型理论对PPP项目的融资风险进行了评价研究；韩红霞等[38]利用蒙特卡洛理论对城市轨道PPP项目的投资风险进行了评估；王松江等[39]运用集对理论结合层次分析法构建了同异反五元联系数风险评价模型，预测分析了高速公路PPP项目的风险发生趋势；苏海红等[40]从宏观层面、中观层面和微观层面构建了PPP项目关键风险指标体系，运用属性测度相关理论建立了PPP项目关键风险评价模型。

由于PPP模式的公私合作属性，PPP项目风险处置的主要措施是风险分担。国内外学者从不同角度对PPP项目风险分担原则、风险分担方式和风险分担方法等进行了研究。Lam等[41]指出风险分配原则应根据具体项目进行调整，而不是一成不变地遵循；Chan等[42]建议考虑合同各方的风险偏好，制定合理的风险分担机制；Medda[43]运用博弈理论研究了公路PPP项目中的风险分担；Hurst等[44]采用博弈理论中的委托代理理论处理PPP项目风险分担问题；Ke等[45]通过两轮德尔菲法调查和专家访谈统计分析中国PPP项目风险分担方案；Marques 等[46]分析了消费者付费的 PPP 项目需求风险有社会资本承担，但政府需出台政策改变消费模式从而对社会资本的现金流产生正面影响；Wibowo 等[47]研究了 BOT 收费公路项目的保证机制，设计了可操作化的保证支付量化模型，确保社会资本土地成本、收费调整延迟、资产国有化等政府相关风险得到分担；Liu 等[48]建立了 PPP 项目的限制竞争保证价值的量化模型；Khalid 等[49]研究了风险的成本价值对风险在政府和私人部门之间分配的影响；Li、Han 等[50-51]分别采用模糊层次分析法和蒙特卡洛模拟对 PPP 项目的风险进行定量化研究，探讨了 PPP 项目的社会风险因素识别和风险分担；Xiong 等[52]在 PPP 项目风险影响评估的基础上提出了事后风险管理；Shrestha 等[53]运用委托代理理论构建了 PPP 项目的风险分配框架，设计了风险分配的 12 步过程；Almarri 等[54]采用问卷调查和依赖风险矩阵分析了 PPP 项目风险成本对风险分配的影响。杜亚灵等[55]总结分析了 PPP 项目的风险分担原则和方法；鲍海君[56]分析了 PPP 项目特许期长短与建设成本之间的关系，构建了基于投资成本变动的动态博弈与特许权期决策模型；何涛等[57]在随机合作博弈模型基础上考虑参与方的风险偏好，探讨了地位不对等条件下的社会资本方 PPP 项目风险分担博弈模型；宋金波等[58]分析了基础设施 BOT 项目特许期缩短、延长、不需调整和调整失效四种情况的判别条件，运用蒙特卡洛模拟对构建的特许期调整模型进行分析，证明了特许期调整对风险分担的有效性；袁竞峰等[59]基于期望效用理论构建了社会资本在面临 PPP 项目社会风险决策时的数学模型，指出社会资本对长短期利益的重视程度是正负向决策行为选择的关键因素；袁宏川等[60]利用改进的云模型方法对水利工程 PPP 项目的风险分担进行研究；王建波等[61]利用灰色理论结合 DS 证据理论对城市地下管廊 PPP 项目进行了风险分担分析；崔晓艳等[62]基于博弈论对地铁工程 PPP 项目的风险分担进行了研究。

PPP 项目收益是政府和社会资本的共同追求目标，是吸引社会资本投资的源动力。PPP 项目收益受到多种因素的影响，如公私双方的投资比例、风险分担程度、合同执行程度、双方的努力水平等，同时，收益与风险是相对称的，在获得项目收益的同时需要承担相应的风险。Viegas[63]针对交通工程 PPP 项目合同周期长、收益不确定大的问题，对投资全部摊销提出了质疑，分析了合同期限可变对项目总体效益的促进作用；Gu 等[64]将项目收益债券引入 PPP 项目中，增强了 PPP 项目收益债券发行机制的可操作性；Liu 等[65]利用蒙特卡罗模拟和敏感性分析研究了社会资本收入和政府补贴间的相互关系；Lozano 等[66]提出了社会资本选择最优维修频率和实现目标收益的策略，并分析了政府、社会资本和自然之间的相互作用；Bae 等[67]提出了基于等价 NPV 约束条件的 BOT 项目重新协商框架，确保在满足社会资本收益的同时减少政府部门的风险损失；Wang 等[68]引入互惠偏好理论分析了最适合政府的风险分担比，建立了保证项目收益的最优激励机制；Ashuri 等[69]运用实物期权理论分析了 BOT 项目最小收益保证的期权定价；Jin 等[70]优化设计了 PPP 项目合同中的收益最低担保和收益上限协议；Chunling 等[71]分析了政府补贴对轨道交通 PPP 项目收益的影响，利用实物期权法建立了政府补贴模型；Cheah 等[72]量化分析了 PPP 项目的最低收入保证水平对谈判成功的影响程度；Carbonara 等[73]提出了将最低收入保障和收入共享进行实物期权操作的方法，以确定收入上下限的公平价值；Man 等[74]设计了基于激励嵌入收益保证的期权定价方法，为政府担保价值计算提供新的系统方法；Ng 等[75]分析了 PPP 项目中风险分担的困难和风险分配所导致的项目效益损害；Liu 等[76]采用随机收益预测模型量化分析了 PPP 项目的收益风险；Babatunde 等[77]评估了 BOT 道路项目的收益风险因素，分析了 BOT 道路项目的收益风险缓解策略；Sharma 等[78]设计确定 PPP 项目债务权益投资的结构化方法，以此平衡公私双方的收益分配；Wu 等[79]分析了企业主导的农地整理 PPP 项目各参与方的利益分配，制定了相应的利益模型；Wang 等[80]通过建立 PPP 项目博弈论模型研究了激励社会资本与政府积极合作的机制。孙春玲等[81]对天然气 PPP 项目收益影响因素进行了因果关系分析，构建了项目收益的系统动力学模型；司红运等[82]分析了养老地产 PPP 项目的收益风险因素，讨论了不同运作模式时的项目收益；王淑英等[83]利用系统动力学理论构建了地下综合管廊 PPP 项目收益模型，分析了相关因素对项目收益的影响；叶晓甦等[84]考虑 PPP 项目的运营交易成本，运用系统动力学和模糊逻辑推理构建了 PPP 项目的收益决策模型；寇杰[85]在 PPP 项目风险承担能力分析的基础上，通过构建 PPP 项目的收益分配博弈模型分析了收益分配规律，定量分析了 PPP 项目收益的 Shapley 值；胡丽等[86]以投资比重、风险分摊系数、合同执行度和贡献度为依据对 Shapley 值法进行修正，建立 PPP 项目的利益分配模型；马强等[87]运用 Nash 谈判模型构建 PPP 项目合作双方的均衡模型，通过模糊综合评价确定分配因子分析最优的收益分配；王颖林等[88]运用公平偏好理论和委托代理理论研究了社会资本对政府风险分担的公平感知对 PPP 项目效益的影响，定量分析了社会资本的公平偏好和收益风险分配模型；孙慧等[89]在不完全契约视角下研究了 PPP 项目剩余控制权的配置对公私双方投入的激励影响，分析了最优控制权配置范围和剩余收益分配方案；张巍等[90]利用层次分析法分析了公租房 PPP 项目影响因子，通过修正 Shapley 值建立了收益分配模型；李珍珍等[91]考虑准公益性水利工程 PPP 项目影响收益分配的价值贡献、投资比例、风险分担和实际贡献，基于 Shapley 值法建立了决策阶段和运营阶段的动态收益分配模型；何天翔等[92]将投资比重因素、努力大小因素、风险分摊因素、贡献程度因素和满意度因素引入 Shapley 值法中，构建了改进 Shapley 值法的 PPP 项目利益分配模型；郭琦等[93]将讨价还价博弈理论引入到 Shapley 值法中进行指标权重修正，建立了PPP项目利益分配激励模型；方俊等[94]构建了PPP项目合同主体收益分配博弈模型，分析了合作双方多阶段动态博弈过程。

现有的研究在PPP项目的风险识别、风险评价、风险分担以及PPP项目的收益分配等方面取得了大量的研究成果，但是风险评估和风险分担大多是基于主观判断的定性分析方法，即使采用蒙特卡洛模拟或敏感性分析等定量分析方法，也会存在参数准确性限制导致评估和分担结果的可操作性较低。同时，由于不同行业、不同类型PPP项目的合作条件和经济环境均有不同，特别是考虑到水利工程的综合性、技术复杂、工期较长等特点，不能笼统地将现有的PPP项目风险管理和收益分配方法简单地套用于水利工程PPP项目中。

1.2.2 PPP项目再谈判和补偿机制的研究现状

PPP项目实施过程中，经常会发生PPP项目合同中未明确或无法明确的风险事件和风险责任，或者发生超出合同约定范围的风险事件，政府和社会资本基于风险分担的原则，协商确定风险事件的应对措施，这就涉及PPP项目的合同再谈判，其实质是项目执行过程中的风险再分担和收益再分配。Chan等[95]指出过多的再谈判源于PPP合同中未进行最佳的风险分担；Brux[96]从降低预期不确定性、实现共同利益最大化的角度分析了特许经营项目的合同再谈判行为，同时认为特许经营合同双方只允许有一次机会提出合同再谈判，并且在特许经营的早期是不允许再谈判的；Guasch等[97-98]统计分析了拉丁美洲基础设施PPP项目建设的特许经营合同再谈判占有较高的比例，认为合同细节、规制环境和经济波动等共同引发了合同再谈判，并指出合同再谈判的高频率已经严重影响了社会资本参与基础设施建设的积极性；Albalate等[99]对比分析灵活特许运营期和固定特许运营期条件下政府和社会资本的收益情况，指出在PPP项目无竞争条件下的合同再谈判过程中，私营部门存在低价中标后通过不当的特许经营合同再谈判谋取更多利益的机会主义行为；Cruz等[100]从PPP项目特许经营合同的不完备性和特许运营期的不可预见性出发，分析了PPP项目再谈判的必要性；Chan等[101]分析了PPP项目特许经营中参与方追求自身收益最大化的博弈行为，指出签订特许经营完全契约的成本过高，建议对PPP项目合同设置柔性再谈判机制；Cruz等[102]通过研究轻轨项目PPP合同内生因素分析合同再谈判的发生原因，指出合同再谈判有助于弥补PPP合同的不完备性，但不规范的PPP合同可能导致特许经营的机会行为，探讨了减少PPP项目合同再谈判的策略方法；Cruz等[103]从PPP项目的不确定性特征引入柔性管理，构建了PPP项目柔性合同的复式矩阵，通过PPP项目的柔性管理增加项目收益；Russo等[104]利用机制设计理论分析了信息不对称时PPP项目的再谈判模型均衡条件；Xiong等[105]运用贝叶斯博弈论理论研究了信息不对称时PPP项目的再谈判决策规则，并指出社会资本的信息共享能够促进 PPP 项目公私双方获得最佳收益；Shalaby 等[106]设计开发了 PPP 项目政府和社会资本之间合同再谈判的 DSS 自动化系统，以利于选择再谈判方案促进再谈判进程；Wang 等[107]运用委托代理模型指出政府和社会资本间有效合理的超额收益分配能够提高项目风险分担效率。

国内学者对 PPP 项目的再谈判也取得了一定的研究成果。邓小鹏等[108]构建了政府、社会资本和公众三方满意度均衡的 PPP 项目的动态调价与补贴模型；宋金波等[109]基于国外典型案例分析，提出了公共基础设施 BOT 项目的单一收益约束模式、多重收益约束模式和中间谈判模式等三种弹性特许期决策模式；宋金波等[110]针对公路 BOT 项目交通量需求的不确定，研究了收费价格和特许期的单一调整和联动调整决策分析方法；冯珂等[111]通过对 31 个典型 PPP 项目的分析，提出了 PPP 项目特许权协议动态调节措施的选择框架；石宁宁等[112]研究了交通工程 BOT 项目特许经营期内需求量变化时，分析了政府对社会资本的特许期延长或价格调整策略的联合调整策略；刘婷等[113]调研分析了 38 个 PPP 项目的再谈判，梳理了再谈判发生的原因和结果，并从项目前期研究、弹性条款与再谈判机制、政府信用和政府责任等方面提出了针对性建议；居佳等[114]总结了 PPP 项目再谈判的原因，分别基于社会资本发起和政府发起的角度研究了 PPP 项目再谈判的讨价还价博弈模型；吴淑莲[115]在专家谈判基础上运用模糊数学识别了 PPP 项目再谈判的关键风险因素，设计了包括发起预审机制、再谈判流程、监管机制等在内的 PPP 项目再谈判操作规程；贺静文等[116]通过文献研究和案例分析识别了 PPP 项目争端谈判的影响因素，运用因子分析法提出了 PPP 项目争端谈判的关键影响因素，并提出相应的对策建议；倪明珠等[117]运用演化博弈理论分析了 PPP 项目政府和社会资本再谈判的动态博弈适应度函数，提出了再谈判诉求及解决机制；刘华等[118]利用粗糙集理论、熵权法和层次分析法等构建了基于案例推理的交通 PPP 项目再谈判触发点识别模型，并提出了再谈判的事前预防措施；尹贻林等[119]建立了 PPP 项目再谈判触发事件和 PPP 合同核心要素的层次结构模型，利用改进的层次分析法和决策试验与评价实验室系统工程模型方法考虑层次结构模型的纵向和横向影响，为 PPP 项目合同条款注入再谈判的设计思路。

PPP 项目再谈判的目标是针对社会资本的收益损失进行补偿，提升社会资本的投资意愿，国内外学者在政府对社会资本的补偿机制方面取得了丰硕的研究成果。Ho 等[120]采用实物期权方法分析了基础设施建设项目的权益价值，对 PPP 项目融资可行性的政府补偿模型进行了研究；Van[121]研究了公共交通 PPP 项目的一般补贴模型，分析了政府补贴与莫宁效应并不相关；Xiong 等[122]从规范公私双方 PPP 合同再谈判行为的角度出发，利用时间序列方法构建了包含收费价格调整、特许运营期延长、补贴费用调整等的特许经营再谈判框架和补偿模型；Xiong 等[123]针对特许经营协议提前终止时的补偿机制问题开展定性定量研究，通过市场价值方法构建特许经营协议提前终止时的补偿评估框架，运用非线性回归分析、最大可能性分析和蒙特卡洛模拟建立对应的补偿模型；Xiong 等[124]在分析 PPP 项目合同的不完全契约特性基础上，研究了 PPP 项目合同再谈判的实物期权价值；Cruz 等[125]把 PPP 项目的不确定性看作机会，研究了 PPP 项目的等待投资问题，构建了基于实物期权理论的柔性合同模型；Xiong 等[126]运用市场价值方法研究了 PPP 项目提前终止的预估补偿模型，分析了现金流入与现金流出影响因素；Song 等[127]运用差分自回归移动平均模型分析了高速公路 BOT 项目提前终止时的补偿机制；Chowdhury 等[128]通过亚洲四国 PPP 项目的实证研究，指出政府的适当补偿对 PPP 项目的成功具有重要影响；Oxley[129]研究了保障性住房 PPP 项目的政府支付、税收减免、低息贷款和发展过程中的交叉补贴等多种补贴形式；Leung 等[130]从成本效益和社会福利角度分析提出需求方补贴优于供给方补贴；Opawole 等[131]构建了影响社会资本特许经营风险成本的补偿机制，以降低 PPP 项目特许经营合同失败率；Garmen 等[132]基于社会资本的最低期望收益建立了港口设施 PPP 项目的动态补偿模型；Ho[133]运用动态博弈模型研究了政府的事后补偿机制，分析了政府应该给予社会资本补偿支付的范围，提出了抑制社会资本机会主义行为的政策建议；Alonso - conde 等[134]分析了 PPP 项目中政府的最低利润担保、延迟支付和取消项目等补偿机制的应用条件；Engel 等[135]研究了 PPP 项目需求风险发生时政府和社会资本的最优风险分担机制，指出特许经营期是风险分担的决定性因素；Acerete 等[136]分析了 PPP 项目信息不对称容易造成风险分担不均，指出以社会福利和消费者剩余提升为前提建立公平、公正的补偿机制；Iossa 等[137]指出 PPP 项目特许经营期的信息对称对补偿机制作用的影响，在信息对称时对外部因素引发的损失进行补偿能够起到积极作用；Cruz 等[138]比较分析了不同合约结构的 PPP 项目风险分担机制的演变规律，研究了补偿机制和风险分担机制的有效性；Xu 等[139]基于 PPP 项目服务价格影响因素及形成机理，运用 SD 与 CBR 技术分析了高速公路 PPP 项目的价格调整机制；Hans 等[140]分析认为再融资会增加政府损失，探讨通过改进付费与可行性缺口补偿机制来降低项目再融资风险。

PPP 项目的补偿机制研究在国内也取得了许多成果。高颖等[141]通过构建 PPP 项目剩余模型，探讨设计有效的需求量补偿机制以实现社会资本收益和社会公众剩余的帕累托改进；谭志加等[142]考虑政府补贴导致的额外社会成本，利用双目标规划模型研究了收费公路的容量、通行费费率及政府补贴政策的 Pareto 有效选择问题；吴孝灵等[143]借鉴 Stackelberg 博弈的诱导机制建立了政府和社会资本之间的补贴博弈模型，分析了政府补偿机制的最优设计和有效补偿的相应对策；曹启龙等[144]从激励角度研究了 PPP 项目的“补建设”和“补运营”的激励效果，对比分析了政府部门的最优激励模式；王卓甫等[145]以社会资本服务质量为决策依据，建立政府和社会资本之间特许期与政府补贴的 Stackelberg 博弈模型，设计了公益性 PPP 项目特许期与政府补贴机制；高颖等[146]研究了 PPP 项目的运营期延长以实现私人部门收益和消费者剩余的帕累托效率改进，提出延长运营期比资金补偿更容易被相关利益方接受；杜杨等[147]基于政府和社会资本风险偏好差异的考虑建立了 PPP 项目公私双方的 Stackelberg 博弈模型，从集中决策和分散决策协调的角度研究了 PPP 项目的政府补偿机制；叶苏东[148]分析了城市轨道交通 BOT 项目的政府运营补贴、财务投资、实物投资和物业开发等补偿机制，基于合理回报原则构建了补偿数量计算公式和补偿调整机制；严华东等[149]分析准经营性基础设施 PPP 项目补偿实践中存在的问题，从补偿主客体、补偿目标定位、补偿原则和补偿机制等方面提出了补偿实施框架；严华东[150]分析了准经营性基础设施 PPP 项目的补偿动因，提出了准经营性 PPP 项目补偿方式的选择框架；陈晓红等[151]运用 PPP 项目实物延迟期权定价模型研究了政府对社会资本的最优补偿方式；刘峰等[152]基于政府和社会资本的不同风险偏好组合建立城市轨道交通 PPP 项目的 Steckelberg 动态博弈模型，分析社会资本的最优投资规模与政府最优补贴策略，探讨了风险偏好对 PPP 项目补偿机制的影响；任志涛等[153]运用梳理分析方法构建了 PPP 项目的运营期触发补偿模型，研究了政府和社会资本之间的多层次、多阶段动态补偿机制；沈俊鑫等[154]从社会资本视角分析了政府补偿系统动力学模型，在模型仿真和敏感性分析基础上设计了养老 PPP 项目的政府补偿机制；张硕宇等[155]在不完全契约视角下分析 PPP 项目的政府补偿机制缘由，建立了 PPP 项目政府补偿中政企双方的讨价还价博弈模型，并提出了完善政府补偿机制的政策建议。

综上所述，PPP 项目再谈判的实质是合同双方对项目实施过程中超出合同逾期的风险事件，以及其影响进行的风险再分担和收益再分配，在保证 PPP 项目继续实施的前提下，采取有效措施降低风险事件影响，或者对超预期风险收益进行优化分配以保障社会公众利益。在此基础上进行的 PPP 项目补偿机制研究，进一步细化了 PPP 项目风险损失发生时的合理弥补措施，现有的 PPP 项目再谈判和补偿机制研究成果能够为综合利用水利工程 PPP 项目的合同机制设计和运行收益分析提供了方法基础。

1.2.3 综合利用水利工程运行调度效益损失的研究现状

综合利用水利工程运行调度是一个动态的多目标决策过程，严格遵循“兴利服从防洪”的调度原则，统筹考虑水库自身蓄泄安全和上、下游防洪需求，以入库洪水为输入变量，以出库泄洪为决策变量，通过量化分析水库蓄水过程调控水库蓄、泄洪流量，力争在保证防洪安全的前提下实现调蓄、发电、灌溉、供水和航运等多目标联合效益最优化。自1946年Masese将优化概念引入水库调度后，人们逐步认识到优化调度是挖掘水库潜力的有效手段，水库调度的传统优化方法主要有线性规划、非线性规划和动态规划。Timant等[156]采用随机双重动态规划方法研究不确定来水条件下梯级水库群的综合效益风险；Nagesh等[157]设计了精英变异算子嵌入粒子群计划算法，解决水库调度优化问题；Mantawy等[158]设计了改进模拟退火算法研究水电站长期优化调度问题；Jalali等[159]提出了多子种群信息交互机制的多种群蚁群算法，求解大规模混联梯级水库群的优化调度；Mehrdad等[160]采用自学习遗传算法求解梯级水库的多目标优化问题；Yapo等[161]设计了多目标复杂进化全局优化方法并应用于多目标水电能源优化问题；Reddy等[162-163]将粒子群算法与pareto支配理论结合，设计了多目标粒子群算法研究水库多目标优化调度。同时，我国学者对水库优化调度也进行了研究，梅亚东等[164]提出了多维动态规划近似解法和有后效性动态规划逐次逼近算法以解决梯级水库防洪发电调度的有后效性动态规划问题；刘新等[165]应用逐步优化算法求解金沙江梯级电站联合优化调度问题；张勇传等[166]首次将模糊理论的等价聚类、映射和决策结束引入水库调度；陈守煜等[167]将层次分析理论和模糊理论相结合提出了基于系统层次分析的水库优化调度模糊优选模型；王本德[168]建立了梯级水库群防洪系统多目标防洪调度模糊优选模型；王少波等[169]、张永永等[170]分别利用自适应遗传算法和模拟退火遗传算法等研究水库优化调度模型；谢维等[171]基于规范知识指导的文化粒子群算法分析了水库防洪优化调度；王森等[172]在混合粒子群算法引入粒子能量、离子能量阈值、粒子相似度和离子相似度等参数以提高全局搜索能力，并将引入领域贪心随机搜索策略的混合粒子群算法应用于澜沧江下游梯级水电站群优化调度研究中；万芳等[173]设计了基于免疫进化的蚁群算法解决水库群供水优化调度问题；原文林等[174]利用混沌算法遍历性优势设计混沌蚁群算法并应用于梯级水库发电优化调度；刘玒玒等[175]提出改进蚁群算法求解带罚函数的水库群供水优化调度数学模型；周建中等[176-179]提出了多目标差分进化算法求解多目标水库群优化和多目标水火电联合优化调度问题，运用混合粒子群算法研究三峡梯级水电站多目标联合调度；刘克琳等[180]运用蒙特卡洛法和风险标准法等提出了水库防洪错峰调度风险分析流程和方法。

20世纪90年代以来，随着洪水灾害对人类社会造成的经济损失和社会损失越来越严重，诸多学者开展了洪灾评估研究。Burton等[181]以频率、持续期、面积范围、空间扩散和时间扩散等角度描述极端洪灾事件的程度；Outllete[182]运用极值理论评估洪灾损失；Bean[183]通过洪水淹没深度曲线估算洪灾损失的程度；Diao等[184]分析了不同调度情境下水库防洪风险率的变化情况，傅湘等[185]提出了包括水文模型、水力模型和损失评估模型的洪灾风险评价通用模型系统；金菊良等[186-187]提出了神经网络洪灾等级评估模型，设计了投影寻踪洪灾等级评估模型；Yang等[188]、Deng等[189]、Huang等[190]相继提出了基于熵值法的洪灾损失等级评估属性识别模型，建立了洪水灾情等级评估云模型，设计了基于支持向量机的洪灾等级评估模型，构建了基于文化差分进化算法的投影寻踪洪灾等级评估模型；黄显峰等[191]量化研究了水库汛限水位调整后的洪水资源利用风险效益；丁志雄等[192]建立了基于空间信息格网的洪涝灾害损失评估模型；邢贞相等[193]利用基于信息扩散理论的风险分析方法和基于实数编码的遗传算法确定参数估计的频率分析法设计了洪灾损失频率分析方法；朱留军[194]研究了GIS技术在洪灾损失评估中的应用，设计了洪灾损失评估的直接经济损失计算法；丁大发等[195]运用蒙特卡洛模拟技术构建了水库防洪调度风险分析模型；周惠成等[196]研究了实时防洪预报调度对水库自身及其上下游的防洪风险影响；钟平安等[197]运用水库防洪调度决策风险率计算方法，构建了水库实时防洪调度风险交互模拟分析模型；刘艳丽等[198]运用拉丁超立方体抽样方法设计了水库防洪风险分析的不确定性分析方法；周研来等[199]基于Copula函数和Monte Carlo法提出水库防洪风险的主要影响因素包括水文随机性和库容水位关系的不确定性；刘招等[200]提出了复杂防洪要求条件下包含相对风险率和可能风险率的水库多目标防洪风险分析方法；陈娟等[201]设计了考虑水位库容关系、出库泄流及入库洪水等不确定因素的调洪演算随机微分方程，提出了调洪过程的总风险率定量计算方法；王丽萍等[202]运用最大熵值理论对梯级水库联合调度风险模型进行求解。

综合利用水利工程的联合运行调度已经取得了丰硕的研究成果，并在我国长江流域、黄河流域和金沙江流域等防洪调度和发电调度等实践中不断丰富，传统意义上的枢纽工程运管单位对于应急调度过程中的收益损失考虑较少，因此，可以在现有研究的基础上深入研究PPP模式下的综合利用水利工程运行调度和收益损失。

1.2.4 研究综述

通过以上文献分析可以看出，目前对PPP项目的风险识别、风险评价、风险分担、收益风险、收益分配、再谈判机制、补偿机制和综合利用水利工程运行调度效益损失等的研究已经取得了丰硕的成果，但目前的研究在解决综合利用水利工程PPP项目特许经营期收益损失补偿问题方面仍然存在不足。

（1）PPP项目的风险分担定性分析大多从风险分配原则和风险承担责任方面研究，定量研究多运用数学方法建立风险分担模型，但对于PPP项目的收益风险影响过程和风险分担模型的适用性研究仍比较薄弱。

（2）PPP项目的补偿机制研究大多是基于社会福利最大化的角度，以事后补偿为主要方式，并逐渐由以往的“补建设”过渡到“补运营”，重视社会效率的提高而忽略了社会资本的收益保障，不利于PPP项目的可持续运作。

（3）PPP 项目的运作模式虽然较多，但实际操作中较少从项目投资特征和资产结构特征方面进行分析，以选择适合项目特点的 PPP 项目运作模式。

（4）综合利用水利工程 PPP 项目的实践大多还处在建设或初期运营阶段，对相关的运营管理研究较少，而对枢纽工程 PPP 项目的运行调度规则调整造成收益损失及相应补偿方法的研究更是寥寥无几。

1.3 研究目的、意义及方案

1.3.1 研究目的

基于现有的文献资料和综合利用水利工程 PPP 项目调研分析资料，在前人关于 PPP 项目风险管理、收益分配和补偿方法，以及综合利用水利工程运行调度效益损失的研究基础上，针对目前综合利用水利工程 PPP 项目运行调度规则调整造成的收益损失和补偿方法的研究空缺，以及 PPP 项目实践中存在的现实问题，本书对综合利用水利工程 PPP 项目的运作模式、收益损失和补偿方法等开展理论研究和实际分析，为政府和社会资本设计综合利用水利工程 PPP 项目的运作模式及动态补偿模型，为提高综合利用水利工程 PPP 项目的经济效益和社会效益提供理论支持。

1.3.2 研究意义

本书开展综合利用水利工程特许经营期的收益损失风险及补偿方法研究，通过厘清综合利用水利工程 PPP 项目的“BOOT＋BTO”运作模式、特许经营期的收益结构与特点、公共应急调度对收益损失风险的关系，建立收益损失计算方法，探索公平长效的风险分担柔性合同机制和收益损失补偿方法，为综合利用水利工程 PPP 项目科学处置特许运营期风险提供理论和方法支持。本书的研究意义如下：

（1）为综合利用水利工程 PPP 项目运作模式提供理论指导。目前，我国的综合利用水利工程 PPP 项目大多采用 BOT 运作模式，在运营初期容易造成社会资本的资金压力较大，且项目风险责任界面不清楚，导致项目运营效率的降低和后期风险损失责任承担的相互推诿。本书结合综合利用水利工程的资产结构特征和效益特征等，开展综合利用水利工程 PPP 项目运作模式创新研究，为政府和社会资本实施综合利用水利工程 PPP 项目奠定合作模式的理论基础。

（2）为政府科学选择补偿方法、合理确定损失补偿提供决策支持。综合利用水利工程 PPP 项目的合同机制不可能考虑到运行调度过程中的所有问题，特别是枢纽工程 PPP 项目的运行调度规则调整，必然会导致 PPP 项目的收益发生损失。本书分析应急调度造成的综合利用水利工程 PPP 项目收益损失，为 PPP 项目公司科学实施应急调度提供理论支持；设计收益损失的补偿方法，为政府确定补偿范围和合理补偿量提供决策支持。

（3）有助于促进综合利用水利工程 PPP 项目的可持续发展。在综合利用水利工程 PPP 项目中，政府的核心职能是提高社会服务质量，保证经济社会利益和公共安全，通过社会资源的公平配置促进社会和谐发展；社会资本以经济人的角色参与到综合利用水利工程 PPP 项目的建设运营中，其核心目的在于获得 PPP 项目投资收益。通过分析收益损失并建立补偿方法，一方面，有利于避免政府陷入过重的风险损失补偿负担，促进社会资源的公平配置；另一方面，有利于增强社会资本参与综合利用水利工程 PPP 项目的积极性，提高风险防控管理水平和公共服务质量，促进综合利用水利工程 PPP 项目的健康可持续发展。

（4）为类似的以公益性为主、特许经营期收益风险大的其他多目标 PPP 项目运作模式选择、合同机制设计和收益损失补偿再谈判提供理论和方法借鉴。

1.3.3 研究方案和技术路线

本书主要通过数理建模的方法研究综合利用水利工程 PPP 项目实施应急调度时的收益损失及补偿方法，在实现枢纽工程应急调度功能发挥的同时，保障 PPP 项目的收益损失得到有效补偿。本书的主要研究方案如下：

首先，梳理综合利用水利工程的基本属性、投资特征、资产结构特征、效益特征和风险特征，分析综合利用水利工程 PPP 项目 BOT 模式存在的不足，构建综合利用水利工程 PPP 项目的“BOOT＋BTO”运作模式，为研究分析综合利用水利工程 PPP 项目的收益损失及补偿方法奠定理论分析基础。

其次，基于广义概率密度演化方程研究综合利用水利工程 PPP 项目的运行调度随机过程，结合综合利用水利工程 PPP 项目的合作基础、收益风险因素及其影响的分析，探讨综合利用水利工程 PPP 项目的收益结构和收益计算模型，分析发生超标准洪水防洪调度、区域干旱应急调水和区域洪涝应急防洪等公益性应急调度、丰水年灌溉需水量减少、重大公共活动导致运行调度规则调整时的收益损失，运用 Copula 函数分析发电收益和供水收益的联合收益损失，在此基础上，设计收益损失的触发补偿模型，建立政府和社会资本的收益损失补偿博弈模型，构建综合利用水利工程 PPP 项目的收益损失补偿方法。

最后，通过实例分析对本书研究的综合利用水利工程 PPP 项目的“BOOT＋BTO”运作模式、联合收益损失、补偿博弈模型和补偿方法进行验证，并结合实例分析结果提出综合利用水利工程 PPP 项目的运营管理建议。

根据以上的研究内容和具体的研究方案，本书的研究技术路线如图 1.1 所示。

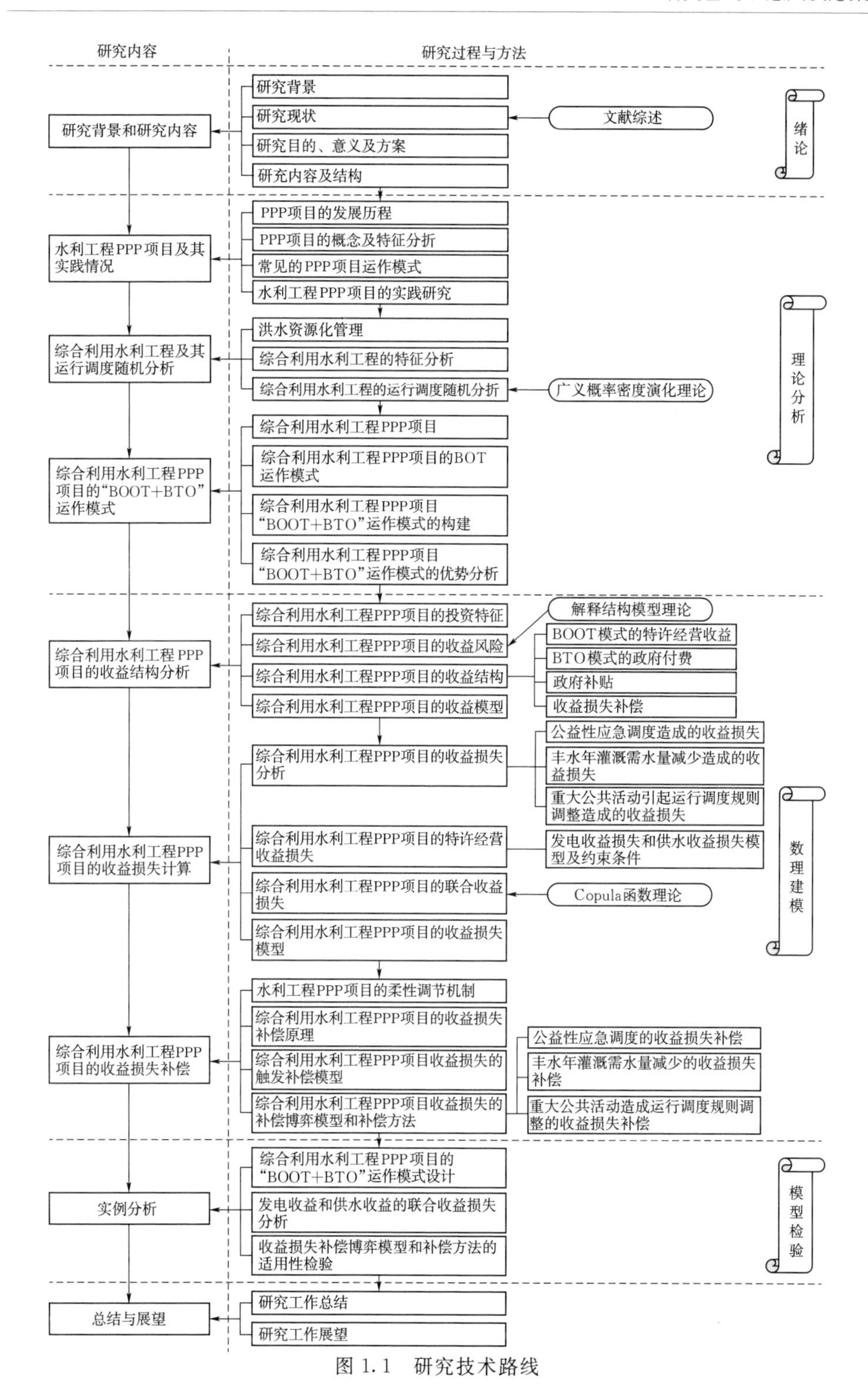

研究内容
研究过程与方法
研究背景和研究内容
研究背景
研究现状
研究目的、意义及方案
研充内容及结构
文献综述
绪论
水利工程PPP项目及其实践情况
PPP项目的发展历程
PPP项目的概念及特征分析
常见的PPP项目运作模式
水利工程PPP项目的实践研究
综合利用水利工程及其运行调度随机分析
洪水资源化管理
综合利用水利工程的特征分析
综合利用水利工程的运行调度随机分析
广义概率密度演化理论
理论分析
综合利用水利工程PPP项目的“BOOT+BTO”运作模式
综合利用水利工程PPP项目
综合利用水利工程PPP项目的BOT运作模式
综合利用水利工程PPP项目“BOOT+BTO”运作模式的构建
综合利用水利工程PPP项目“BOOT+BTO”运作模式的优势分析
综合利用水利工程PPP项目的收益结构分析
综合利用水利工程PPP项目的投资特征
综合利用水利工程PPP项目的收益风险
综合利用水利工程PPP项目的收益结构
综合利用水利工程PPP项目的收益模型
解释结构模型理论
BOOT模式的特许经营收益
BTO模式的政府付费
政府补贴
收益损失补偿
综合利用水利工程PPP项目的收益损失计算
综合利用水利工程PPP项目的收益损失分析
公益性应急调度造成的收益损失
丰水年灌溉需水量减少造成的收益损失
重大公共活动引起运行调度规则调整造成的收益损失
综合利用水利工程PPP项目的特许经营收益损失
发电收益损失和供水收益损失模型及约束条件
综合利用水利工程PPP项目的联合收益损失
Copula函数理论
综合利用水利工程PPP项目的收益损失模型
数理建模
综合利用水利工程PPP项目的收益损失补偿
水利工程PPP项目的柔性调节机制
综合利用水利工程PPP项目的收益损失补偿原理
综合利用水利工程PPP项目收益损失的触发补偿模型
综合利用水利工程PPP项目收益损失的补偿博弈模型和补偿方法
公益性应急调度的收益损失补偿
丰水年灌溉需水量减少的收益损失补偿
重大公共活动造成运行调度规则调整的收益损失补偿
实例分析
综合利用水利工程PPP项目的“BOOT+BTO”运作模式设计
发电收益和供水收益的联合收益损失分析
收益损失补偿博弈模型和补偿方法的适用性检验
模型检验
总结与展望
研究工作总结
研究工作展望

图 1.1 研究技术路线

1.4 研究内容及结构

1.4.1 研究内容

依据研究背景和研究目的提出的需解决的综合利用水利工程PPP项目收益损失及其补偿方法的相关问题，本书的主要研究内容包括：

（1）构建综合利用水利工程PPP项目的“BOOT＋BTO”运作模式。剖析综合利用水利工程的基本属性、投资特征、资产结构特征、效益特征和风险特征；梳理PPP项目的功能特征、运作模式和关键因素；分析综合利用水利工程的BOT运作模式及其存在的不足，提出综合利用水利工程PPP项目的“BOOT＋BTO”运作模式，并对比分析该运作模式的优势。该部分内容明确了本书的研究对象，进而将后续4章界定为“BOOT＋BTO”运作模式下的综合利用水利工程PPP项目相关研究。

（2）分析综合利用水利工程“BOOT＋BTO”运作模式的收益计算。对综合利用水利工程的运行调度参数进行随机分析，基于广义概率密度演化方程研究了综合利用水利工程PPP项目的运行调度随机过程；分析综合利用水利工程PPP项目的公私合作基础、收益风险特征、收益风险因素及其影响；研究综合利用水利工程PPP项目在“BOOT＋BTO”运作模式下的BOOT经营性设施的特许经营收益、BTO公益性设施的政府付费、政府补贴和收益损失补偿等收益结构，设计综合利用水利工程PPP项目的收益计算模型。

（3）研究综合利用水利工程“BOOT＋BTO”运作模式的收益损失。本部分在第（2）部分分析综合利用水利工程PPP项目收益结构的基础上进行收益损失研究。分析综合利用水利工程PPP项目实施超标准洪水防洪调度、区域干旱应急调水和区域洪涝应急防洪等公益性应急调度、丰水年灌溉需水量减少和重大公共活动导致运行调度规则调整时的收益损失；确立特许经营收益损失量化的基本思路，建立发电收益损失和供水收益损失的计算模型，运用Copula函数理论分析发电收益和供水收益的联合收益损失，构建综合利用水利工程PPP项目的收益损失计算模型。

（4）探讨综合利用水利工程“BOOT＋BTO”运作模式的收益损失补偿。本部分在第（3）部分分析综合利用水利工程PPP项目收益损失量化的基础上进行收益损失补偿研究。梳理水利工程PPP项目的合同柔性特征，设计水利工程PPP项目的柔性调节机制；分析综合利用水利工程PPP项目收益损失补偿的经济解释、必要性和可行性，明确收益损失补偿的基本原则；采用差额定率累进方法设计综合利用水利工程PPP项目收益损失的触发补偿模型，建立政府和社会资本之间基于应急努力程度和收益损失补偿分配系数的补偿博弈模型，探讨综合利用水利工程PPP项目在“BOOT+BTO”运作模式下的收益损失补偿方法。

1.4.2 研究结构

根据以上的研究内容，本书各章节关系如图1.2所示，具体结构安排如下：

第1章 绪论。梳理本书的研究背景和研究意义，综述PPP项目风险管理和收益分配、PPP项目再谈判及补偿机制和综合利用水利工程运行调度效益损失等国内外研究现状，阐述本书的研究内容、研究方案和技术路线。

第2章 水利工程PPP项目及其实践情况。本章在梳理国内外PPP项目发展历程基础上研究PPP项目的概念界定、核心原则、功能特征，分析PPP项目特许经营期、运营量和运营价格的相关关系，介绍常见的PPP项目运作模式，分析我国水利工程PPP项目的特点和实践中存在的问题。

第3章 综合利用水利工程及其运行调度随机分析。在梳理洪水资源化管理的基础上，分析综合利用水利工程的基本属性、投资特征、资产结构特征、效益特征和风险特征，基于广义概率密度演化方程分析综合利用水利工程的运行调度随机过程。

第4章 综合利用水利工程PPP项目的“BOOT+BTO”运作模式。研究综合利用水利工程采用PPP运作模式的优势，总结综合利用水利工程PPP项目的实践情况及存在的问题，分析综合利用水利工程PPP项目采用BOT运作模式存在的不足，构建综合利用水利工程PPP项目的“BOOT+BTO”运作模式。

第5章 综合利用水利工程PPP项目的收益结构分析。研梳理综合利用水利工程PPP项目“BOOT+BTO”运作模式下的合作基础、收益风险特征、收益风险因素及其影响，研究综合利用水利工程PPP项目的收益结构，构建综合利用水利工程PPP项目的收益计算模型。

第6章 综合利用水利工程PPP项目的收益损失计算。分析综合利用水利工程PPP项目超标准洪水防洪调度、区域干旱应急调水和区域洪涝应急防洪等公益性应急调度、丰水年灌溉需水量减少和重大公共活动引起运行调度规则调整导致的收益损失，设计PPP项目的特许经营收益计算函数，运用Copula函数分析发电收益和供水收益的联合收益损失，构建综合利用水利工程PPP项目的收益损失计算模型。

第7章 综合利用水利工程PPP项目的收益损失补偿。分析水利工程PPP项目的柔性调节机制，研究综合利用水利工程PPP项目收益损失补偿的必要性、可行性和基本原则，探讨收益损失的触发补偿模型，设计特许经营期补偿、需求量补偿和价格补偿等补偿方式，构建政府和社会资本的收益损失补偿博弈模型，分析公益性应急调度、丰水年灌溉需水量减少和重大公共活动引起运行调度规则调整等的收益损失补偿方法。

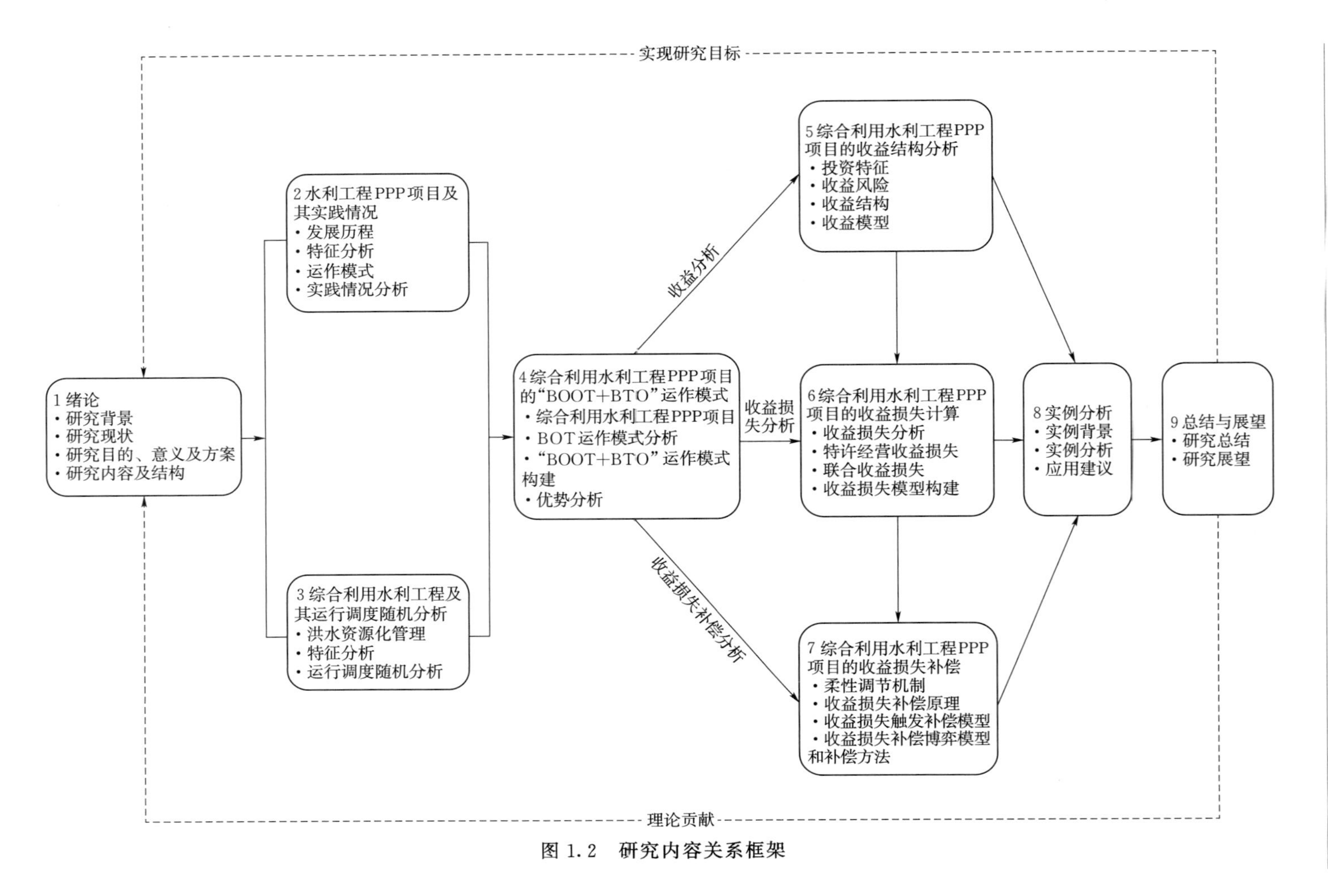

图1.2 研究内容关系框架

第 8 章 实例分析。结合综合利用水利工程 PPP 项目案例，设计 PPP 项目“BOOT＋BTO”运作模式的合同机制，模拟分析发电收益损失和供水收益损失的概率分布情况，计算发电收益和供水收益的联合收益损失值，通过博弈分析量化确定收益损失的合理补偿量。

第 9 章 总结与展望。归纳总结本书的研究成果，指出研究的不足和局限，提出未来进一步的研究方向和后续研究建议。

第 2 章

水利工程 PPP 项目及其实践情况

本章在梳理国内外 PPP 项目发展历程基础上，研究 PPP 项目的概念界定、核心原则、功能特征，分析 PPP 项目特许经营期、运营量和运营价格的相关关系，介绍 PPP 项目的常规运作模式，结合我国水利工程 PPP 项目的实践情况分析水利工程 PPP 项目的特点和实践中存在的问题。

2.1 PPP 项目的发展历程

随着社会经济水平的逐步提高和城镇化进程的不断推进，公共基础设施的短缺对社会经济发展的限制日益凸显，政府有限的财政收入难以满足越来越多的基础设施、公共服务项目建设和发展的资金需求。

英国从 20 世纪 80 年代末开始，超过 700 亿英镑投资规模的基础设施、公共服务项目采用 PFI 模式，虽然 PFI 模式采购阶段资本成本偏高的缺陷被社会诟病，但它所建立的采购程序和物有所值评价等为后来的 PPP 模式奠定了基础。2012 年，英国财政部在对 PFI 项目改革的基础上发布了 PF2 框架，其最大特点是政府参股，以低价中标形式确定主导 PPP 项目建设运营的主要社会资本投资方，但同样面临着财政风险较大的困境。

法国在 20 世纪 80 年代采用 METP 模式运作 PPP 项目，2004 年颁布的《合伙合同法》详细规定了合伙合同的风险评估、合同形式和竞争性谈判机制等，并成立专门的 PPP 管理部门 MAPPP，负责 PPP 项目的评估、监督并为其提供专家支持，2016 年法国开始使用欧盟 2014 年颁布的新公共采购指令。

美国以弗吉尼亚州在 1998 年采用私营资本设计建成的监狱为成功典范，将 PPP 模式推广到供水、停车场、医院、学校、交通、港口、航空和公共服务等领域，并逐步形成了以交通项目特许经营为主的 PPP 模式，其付费模式主要包括收费特许权、影子收费特许权和可用性付费。

加拿大从 2003 年开始推广以政府付费项目为主的 PPP 模式，成立了专门的

PPP项目管理机构加拿大PPP国家委员会（CCPPP），其运作模式包括DBB、BF、DBF、O&M和DBOM等，形成了股权投资配合短期银行贷款和长期私募债券组合的典型融资模式，所涉及的行业包括公共交通、电力工程、供水工程、司法、医疗、教育和文化等。

澳大利亚以特许运营为主的PPP模式运作有近30年的历史，其典型的PPP模式包括DCM、DCMO、BOO和BOOT等，政府多采用物有所值法评估PPP项目可行性，且设置了PPP项目采购区间值（通常为5000万～1亿澳元）。

日本自20世纪90年代引入私人投资维护和改善现有基础设施开始，逐步形成了以PFI模式为主、特许经营为辅的PPP发展模式，超过80%的PPP项目为可用性付费项目，其运作方式主要是BTO和BOT，并陆续发布了《采购流程指南》《物有所值指南》《风险分配指南》《合同指南》和《特许经营指南》等操作指引。

我国于1984年建成的深圳沙角B电厂是第一个包含公私合作思想的BOT项目，标志着我国PPP模式的萌芽。从20世纪90年代的广西来宾B电厂BOT项目、上海市三桥两隧项目、成都第六水厂和南京长江二桥，到21世纪的崇明生活垃圾中转站、北京奥运主体体育场、北京地铁5号线和大连城市中心区生活垃圾焚烧处理项目等，再到北京市轨道交通新机场线、郑州市贾鲁河综合治理工程、广东省韩江高陂水利枢纽工程、成都市天府新区第一污水处理厂及成都科学城生态水环境工程等，我国的PPP项目发展经历了五个阶段[203]：萌芽期（1984—2002年）、成长期（2003—2007年）、低潮期（2008—2013年）、繁荣期（2013—2017年11月）和规范期（2017年年底至今）。特别是2013年党的十八届三中全会提出“允许社会资本通过特许经营等方式参与城市基础设施投资和运营”战略政策以来，PPP模式成为转变经济发展方式促进产业升级的有力工具。经过近30余年的发展，从之前的以社会资本缓解基础设施建设资金短缺为目标，发展到现在的以市场机制提高公共服务效率为目的，我国PPP模式经历了从改革尝试向法治化、规范化运作的转变。我国不同阶段的主要PPP运作模式见表2.1。

表2.1　我国不同阶段的主要PPP运作模式

时　　期	主要运作模式
萌芽期（1984—2002年）	BOT
成长期（2003—2007年）	BOT、TOT、BOO
低潮期（2008—2013年）	BOT、BOO
繁荣期（2013—2017年11月）	BOT、BOOT、TOT、DBFM、BTO、BOO
实施规范期（2017年年底至今）	BOT、TOT、BOO

从一定意义上讲，可以将PPP模式的演化发展过程分为三个阶段：第一代PPP强调将PPP作为提高财政资金使用质量和效率的工具；第二代PPP强调发挥PPP促进当地经济发展质量和效率的工具作用，本质上都是强调发挥PPP项目的效率功能，但没有对公平问题予以应有的关注；第三代PPP模式强调实现以人为本和可持续发展为目标的PPP发展，从经济发展角度强调PPP模式的公平功能。

2.2 PPP项目的概念及特征分析

2.2.1 PPP项目的概念

PPP项目自问世以来，在许多国家和地区的基础设施建设和公共产品服务中得到了应用。由于不同国家和地区经济形态不完全一样，PPP项目发展的模式和程度各不相同，对于PPP项目的定义也不尽相同。欧盟委员会将PPP定义为公共部门和私营部门之间的一种合作关系，双方根据各自的优劣态势共同承担风险和责任，以提供传统上由公共部门负责的公共项目或服务；我国香港效率促进组将PPP定义为一种由双方共同提供公共服务或实施项目的安排，双方通过不同程度的参与和承担，各自发挥专长，包括特许经营、私营部门投资、合伙投资、合伙经营、组成项目公司等方式；加拿大PPP委员会将PPP定义为公共部门和私营部门基于各自的经验建立的一种合作经营关系，通过适当的资源分配、风险分担和利益共享机制，以满足实现清晰界定的公共需求。这些定义均是从广义的角度来描述PPP，将其表示为一种大的概念范畴；而狭义的PPP是特指某一种融资模式，在项目合作过程中更加强调风险分担和收益分配机制。

结合文献研究和概念理解，本书将PPP项目定义为政府部门为增强基础设施的建设能力、提高公共产品服务的供给能力，授权社会资本（包括国有企业资本和民营企业资本）以特许经营、购买服务、股权合作等方式从事某些原本应由政府负责的基础设施、公共服务项目的建设和运营，在实现政府部门的公共服务职能的同时为社会资本带来经济利益，以此形成的公私双方长期合作关系。PPP项目在物有所值评价和财政承受能力论证的基础上，通过严谨的制度设计和操作流程，应用于由政府部门负责提供的基础设施建设（如市政工程、交通工程、水利工程、生态环保工程、城镇综合开发和保障性安居工程等）、公共产品服务（如教育、医疗卫生、养老、旅游、文化、体育、科技、新能源和社会保障等）和农林业，其根本目的在于提高基础设施和公共产品在数量、质量和效率等方面的供给水平。

参与PPP项目的利益相关方众多，包括政府、社会资本、项目公司、社会公众和咨询顾问等，他们的利益和关注点的协调尤为重要，特定利益相关者的利益会影响到其如何理解自己的作用，必须通过协商过程来确定各项工作的轻重缓解，从而使得各方最终就PPP项目目标达成共识。PPP项目过程中不同利益相关者的职责见表2.2。

表2.2　不同利益相关者的PPP项目职责

利益相关者	PPP项目职责
政府	建立并优先安排PPP项目的方向和目标，并向公众公示； 批准决策标准，选择合适的PPP项目方案； 批准建议的PPP项目方案； 批准法规框架
社会资本	反馈各种PPP项目方案吸引力； 遵守PPP项目竞标规则和流程； 进行全面尽职调查，实现具有竞争力和现实的投标
项目公司	确定公司具体的PPP项目需求和目标； 组建项目公司组织机构和人员； 提供项目公司数据信息； 协助营销和尽职调查过程； 实施PPP项目及其可能存在的变更
社会公众	告知其能力和支付服务的意愿； 表达质量和服务水平重点； 识别现有服务的优缺点
咨询顾问	公平评估PPP项目方案； 评估现有框架和建议的改革； 协助利益相关方合作

2.2.2　PPP项目的核心原则

PPP项目的通常模式是由社会资本承担设计、建设、运营、维护基础设施和公共服务的工作，并通过“使用者付费”“政府付费”和必要的“可行性缺口补助”获得合理投资回报；政府部门负责基础设施及公共服务的价格监督和质量监管，以保证公共利益最大化。高速公路工程、市政供水工程、城市燃气管道工程和引调水工程等经营系数高、财务收益好、可直接向终端客户提供服务的经济性基础设施项目，多采用使用者付费方式；市政污水处理工程、垃圾焚烧工程、市政道路工程和生态环境工程等，不直接向终端客户提供服务的社会性基础设施项目，多采用政府付费方式；教育、医疗卫生、养老、文化、社会保障和保障性安居工程等经营系数低、财务效益差、可直接向终端客户提供服务，但收费无法满足投资和运营汇报的公共服务产品或基础设施项目，多采用可行性缺口补助方式。对于综合利用水利工程，由于其工程设施部分属于公益性、部分属于经营性，还有一部分兼顾公益性和经营性，对公益性部分采用政府付费模式，对经营性部分采用使用者付费模式，对兼顾公益性和经营性部分可采用可行性缺口补助方式。

PPP 项目能够很好地解决政府财政紧缺的难题，其优越性体现在能够有效地将基础设施、公共项目巨大的风险转移给有风险承担能力的私人参与者，提供高质量的公共产品和服务，缩短项目实施时间，降低项目全寿命周期的成本等。同时，政府部门发展 PPP 项目可以克服项目建设过程中的管理能力有限、实施效率低下、专业技术水平低、风险应对能力弱等缺点，发挥社会资本的能动性和创造性，提高项目的建设、经营、维护和管理效率，带动整个行业管理能力和技术水平的提高。

PPP 项目的基础之一是项目融资，核心是追求最大的物有所值，即满足用户要求的全寿命期成本、质量与适用性的最优组合，在竞争的环境中授予项目，严格应用经济评估和风险评估方法，在政企之间合理分担风险，同时比较政府融资与 PPP 的成本，实现物有所值。PPP 项目的四个相互关联核心原则[156]如图 2.1 所示。

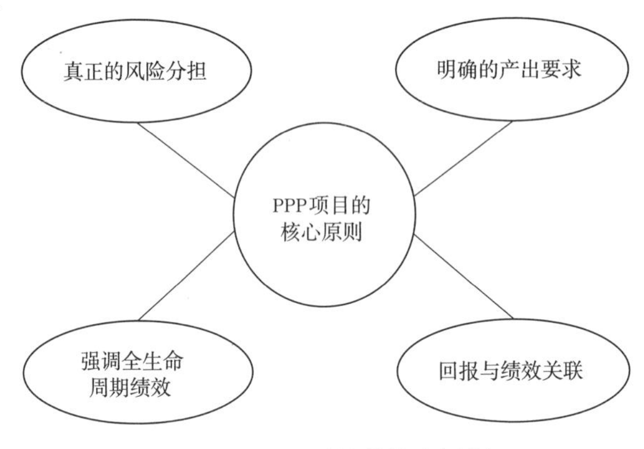

图 2.1　PPP 项目的核心原则

1. 真正的风险分担（Risk Allocation）

政府和社会资本遵循“风险应该分配给对其最有影响力和控制能力的一方，或者是对其最有承受能力和成本最小的一方”的风险分担原则，在项目建设期间通过合理的风险分担和适当的激励措施，达到风险损失最小，保证工程建设质量和效率，在项目运行期间通过合理的风险和收益分配，促进工程的高效运行，以实现真正的物有所值。

2. 明确的产出要求（Output Specification）

政府和社会资本在 PPP 项目合同中规定了公共基础设施或服务产品的产出

要求或指标，明确了项目实施过程中双方的权利义务关系。

3. 强调全生命周期绩效（Life - cycle Performance）

政府和社会资本始终以 PPP 项目的全生命绩效为目标，保持合作伙伴关系统筹功能实现和投资回报，并承担相应的风险和责任。

4. 回报与绩效关联（Performance - based Payment）

社会资本在获得稳定的合理化投资收益的同时，必须确保基础设施或服务产品的质量、数量和功能满足合同约定的社会公众需求。

2.2.3 PPP 项目的功能特征

PPP 项目在一般的项目管理所具有的计划、组织、领导和控制等功能基础上，创新性地发展了管理机制创新功能、扩量融资功能和新技术推广应用功能。

1. PPP 项目的管理机制创新功能

PPP 项目通过政府部门和社会资本的机制转换、制度创新和资源配置效益提升，逐步形成了“伙伴关系、利益共享和风险分担”的创新性管理机制，在尽可能小地损失效率的情况下实现社会发展中的公平，同时在尽可能小地损失公平的情况下提高经济资源特别是公共部门资源的使用效益和综合效率。首先，政府部门以实现更多、更好的公共基础设施和公共服务产品为目标，社会资本以获得更多、更优的经济利益和社会声誉为目标，双方以合作实施 PPP 项目的方式形成伙伴关系，努力协作实现“以最少资源实现最多产品或服务”的共同目标。其次，政府部门不仅要从 PPP 项目中获得满足社会公众需要的公共利益，还需要对社会资本在 PPP 项目中获得的经济收益进行控制，避免社会资本获得超额利润而增加政府负债压力，双方除了共享 PPP 项目社会成果外，也需要采取有效措施保障社会资本取得稳定的投资回报。最后，政府部门和社会资本在 PPP 项目合作过程中遵循“风险应该分配给对其最有影响力和控制能力的一方，或者是对其最有承受能力和成本最小的一方”的风险分担原则，政府部门承担自己有优势方面的伴生风险，社会资本则承担自身具有相对优势的项目融资、建设管理和运营管理等管理风险，通过双方的风险优势分担，以期实现伙伴关系基础上的利益共享。

2. PPP 项目的扩量融资功能

PPP 项目在初始兴起时主要是为政府承担的公共基础设施建设进行融资，吸引社会资本投资以缓解政府部门资金不足的压力，并允诺社会资本一定的投资回报，这种模式在一定程度上解决了社会公众对道路交通工程、市政基础工程和公共医疗卫生等日益增长的需求。随着 PPP 项目的不断发展，政府在推广 PPP 项目时不仅仅是看中其融资功能，更多的是利用社会资本在项目建设管理和运营管理方面的前沿理念和先进技术，并通过伙伴合作关系将项目风险进行合理化分担，力争实现整个项目风险最小化。同时，PPP 项目的融资过程中需要在满足社会综合效益的基础上考虑社会资本的合理化投资收益，避免单纯以公众付费过高或政府补贴过高等为代价进行项目融资。

3. PPP 项目的新技术推广应用功能

政府部门在公共基础设施和公共服务领域推广 PPP 项目，希望通过社会资本先进的生产技术和管理能力，推动基础设施和公共服务的建设效率和运管水平，在不增加社会公众税负和政府负债压力的基础上，凭借一定程度的使用者付费、政府付费或政府可行性缺口补贴等机制，最大限度地满足社会公众日益增长的产品或服务需求。

2.2.4 PPP 项目的特许经营期、运营量和运营价格关系分析

PPP 项目的特许经营期、运营量和运营价格是 PPP 项目合同协议的重要内容之一，关系到 PPP 项目的收益分配、风险分担和可持续运行，是政府和社会资本共同关注的焦点问题。

1. PPP 项目的特许经营期

PPP 项目的特许经营期是政府和社会资本之间权利义务关系的时间界限，是 PPP 项目实物期权价值的敏感性因素，是 PPP 项目合同谈判中重点关注的条款，但大多数情况下，政府往往在项目招标阶段就明确指定 PPP 项目的特许经营期，而且这种指定更多的是依靠类似项目经验、法规规定或咨询机构建议主观确定的，社会资本参与 PPP 项目也就接受了政府指定的特许经营期。从政府角度来说，特许经营期越短，社会公众越能够接受 PPP 项目产品或服务的付费，PPP 项目移交时设施设备和资产状况的状态越能够得到保证；但政府的财政负担压力可能会较大。对于社会资本而言，特许经营期越长，社会资本有较长的时间收回 PPP 项目投资并获得预期收益，努力争取与之承担风险相适应的投资回报最大化。PPP 项目的特许经营期主要受项目风险、项目回报机制、项目收益水平、社会资本的收益期望和政府财政支付能力等的影响。PPP 项目收益水平和社会资本的收益期望直接决定着特许经营期的长短，收益水平越高，投资回收期越短，特许经营期可以相应地缩短；而当项目收益水平一定时，社会资本的收益期望越高，特许经营期就会随之延长。

2. PPP 项目的运营量

PPP 项目的运营量取决于社会公众的需求量、项目的运营价格、项目的服务质量和项目的供应能力，同时又决定着项目的特许经营收益水平。在项目的产品或服务供应能力范围内，社会公众的使用量越大，PPP 项目的运营量也越大；当需求量超过项目供应能力时，其运营量可能达到最大容量值。社会公众对 PPP 项目产品或服务的需求量会受到项目运营价格和同类项目多寡情况的影

响，当运营价格上涨时，公众可能会倾向选择低价格的替代品，进而降低项目运营量；当同类项目增多时，使用者分流会导致使用量下降进而影响项目运营量。PPP项目的供应能力也直接决定着运营量，当PPP项目公司的运营效率低于预期或项目质量导致维修频繁时，项目的供应能力必然降低。同时，PPP项目的供应能力还受到自然灾害和其他应急事件的影响，如综合利用水利工程PPP项目发生应急防洪调度或抗旱供水调度时，项目的发电量和供水量必然受到影响。

3. PPP项目的运营价格分析

PPP项目的运营价格影响着项目的特许经营收益水平和社会公众的使用量，同时又受多方面的制约，需要满足项目公司盈利需求、公众社会需求及政府部门相关要求。从保障社会公众的需求和利益角度来看，政府实施PPP项目的目的在为社会公众提供基础设施和公共服务，PPP项目的运营价格不宜过高；但从满足社会资本投资盈利的角度来说，社会资本参与目的是通过使用者付费、政府付费或可行性缺口补助等方式来获得投资收益，PPP项目的运营价格也不宜过低。同时，PPP项目的运营价格也受到特许经营期的制约，即在保证项目公司能够达到一定经济收益的前提下，提高项目运营价格时应相应地缩短运营期，以保障公共利益不会受到损害；在维护公共利益的前提下，降低运营价格时应相应地延长运营期，以激励项目公司参与项目的积极性。

（1）PPP项目运营价格与运营期关系分析。基于对项目公司、政府部门和社会公众相关利益的考虑，对PPP项目运营期和运营价格的确定是相互制约的，即在保证项目公司能够达到一定经济收益的前提下，提高项目运营价格时应当相应地缩短运营期，以保障公共利益不会受到损害；在维护公共利益的前提下，降低运营价格时应当相应地延长运营期，以激励项目公司参与项目的积极性。同时，运营期对运营价格的反向作用与此类似。

（2）PPP项目运营价格与运营量关系分析。PPP项目的运营量直接取决于社会公众对项目的使用量，忽略国民经济、人口数量和不可抗力等其他因素对使用者数量的影响，在一定程度上PPP项目的特许运营价格对项目的运营量起着直接的影响作用。当运营价格较高时，社会公众会与其他的类似项目进行比较，选择减少或舍弃使用PPP项目。同时，受到PPP项目产品或服务数量的限制，在运营价格降低到一定程度后，运营量将会逐步接近并最终等于项目产品或服务的最大容量值。

运用Vensim软件构建PPP项目运营价格调整与运营量变化的因果关系循环，如图2.2所示，可以帮助我们了解PPP项目变量间的因果关系与回路，并通过程序中的特殊功能了解各变量的输入与输出关系。其中，带“+”的箭头表示正面影响的正链，带“−”的箭头表示平衡链。

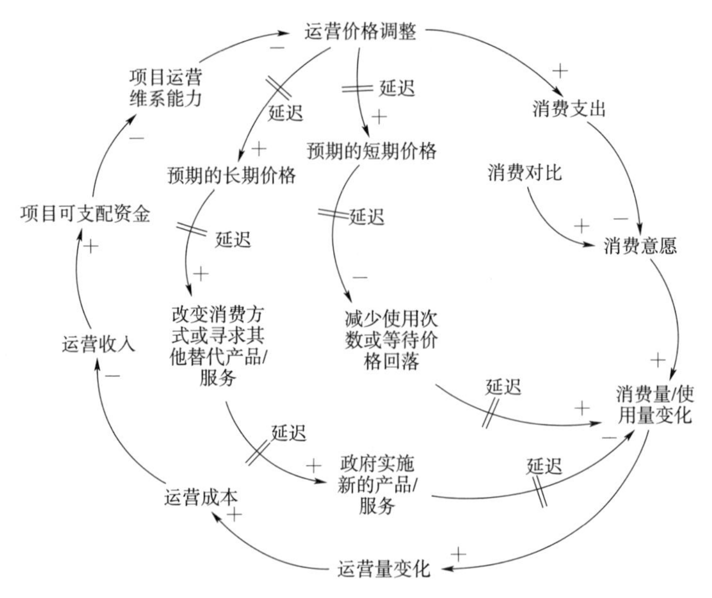

图2.2 PPP项目运营价格调整与运营量变化的因果关系循环

2.3 常见的PPP项目运作模式

我国的公私合作发展至今已形成了多种运作模式，从类别上主要分为外包模式、特许经营模式和不完全私有化模式，见表2.3。其中，特许经营的PPP项目运作模式包括BT、TOT、BOT、BOOT、DBFO、BTO、BLT和LOT等，国家鼓励基础设施和公用事业特许经营采取BOT、BOOT、BTO或其他方式，结合本书研究的综合利用水利工程PPP项目建设运营管理情况，本节主要分析BOT、BOOT、BTO和BOT+BT等四种运作模式。

表2.3 公私合作的运作模式比较

类别	名称	特点	定义	适用项目	政府	社会资本
外包	MC	管理外包	政府在保留项目所有权的基础上将项目外包给社会资本进行有偿管理	存量项目	保留项目资产所有权	承担运营维护、用户服务职责，获得相应管理收益
	O&M	委托运营	政府在保留项目所有权的基础上将项目委托给社会资本进行运营管理	存量项目	保留项目资产所有权，承担用户服务职责	仅承担运营维护职责，获得相应运营收益

续表

类别	名称	特点	定　义	适用项目	政　府	社会资本
特许经营	BT	建设-移交	社会资本负责项目的融资和建设，并在规定时间内将项目移交给政府，由政府支付总投资及确定的回报	新建项目	项目所有权，支付总投资及回报	负责项目的融资、建设
	TOT	转让-运营-移交	将政府建好的项目的一定期限产权或经营权有偿转让给社会资本进行运营管理，合同期满后交还给政府	存量项目	项目所有权	运营、维护、用户服务职责
	BOT	建设-运营-移交	社会资本负责项目的融资和建设，并负责项目一定期限内的运营管理，运营期满后免费移交给政府	新建项目	项目所有权	负责项目的融资、建造、运营、维护和用户服务
	BOOT	建设-拥有-运营-移交	社会资本负责项目的融资和建设，一定期限内拥有项目所有权并负责运营管理，运营期满后免费移交给政府	新建项目	项目所有权	负责项目的融资、建造、运营、维护，拥有一定期限的所有权
	DBFO	设计-建设-融资-运营	社会资本负责项目的设计、建设、融资和运营，在运营期间取得合同约定的投资回报后移交给政府	新建项目	项目所有权	负责项目的设计、建设、融资和运营
	BTO	建设-移交-运营	社会资本负责项目的融资和建设，完工后所有权移交给政府，政府再授权该社会资本一定期限的经营权	新建项目	项目所有权	负责项目的融资、建设和一定期限的经营
	BLT	建设-租赁-转让	社会资本负责项目的融资和建设，建成后租赁给政府经营管理，政府支付一定的租金回报，租赁期满后项目完全归政府所有	新建项目	项目所有权，运营和维护	负责项目的融资和建设，获得一定的租金回报

续表

类别	名称	特点	定　义	适用项目	政　府	社会资本
特许经营	LOT	租赁-运营-移交	社会资本租赁项目，在项目运营维护期间取得合理回报，合同期满后转交给政府	存量项目新建项目	承担公共资产投资的职责、保留公共资产的所有权	存量及新建公共资产的运营管理职责、维护职责、用户服务职责
不完全私有化	BOO	建设-拥有-运营	社会资本负责项目的融资、建设和运营，并拥有项目的所有权，不需要移交给政府	新建项目	承担监督、协调职责	拥有项目的所有权和运营权
	TOO	转让-拥有-运营	投资者收购已建成项目并负责项目的运营维护	存量项目	宏观协调、创建环境、提出需求	拥有项目的所有权和运营权

2.3.1　BOT 运作模式

BOT（Build Operate Transfer），即建设-运营-移交，是相对比较简单或典型的特许经营项目融资模式。BOT 主要是指政府通过与社会资本签订特许权协议，将公共基础设施、自然资源开发或公共服务等项目的融资、设计、建造、运营和维护等授权给社会资本，社会资本在约定的特许经营期内通过向项目使用者或服务对象收取费用，回收项目的投资、经营和维护等成本，并获得合理的利润收入，在特许经营期结束后项目将免费移交给政府。BOT 的基本形式有很多，包括 BTO（Build Transfer Operate），即建设-移交-运营是项目在建设完成后而非合同期结束后移交至政府，BOO（Build Own Operate），即建设-拥有-运营是项目由项目公司建设和运营，不将所有权移交给政府，以及 DBFO（Design Build Finance Operate），即设计-建设-融资-运营是设计、建设、融资和运营的责任全部由社会资本承担。

BOT 运作模式的社会资本提供项目建设所需资金，并在合同约定期限内拥有项目资产，政府和社会资本协商项目产出的最低购买量，让社会资本有足够的时间通过向用户收取费用或政府付费方式收回投资成本并获得投资收益。如果政府高估项目产出的需求量，问题就会出现，项目公司可以支付一部分产能建设费用和消费支出，由政府和社会资本工程承担需求风险。

从社会资本的角度来看，社会资本（或与政府）组建的项目公司通过竞争性投标（或磋商）方式从政府处获得项目的特许权，并由项目公司全权负责项目的融资管理、建设管理和运维管理，通过特许经营期内的使用者付费和政府优惠补贴等方式回收投融资资金以还贷，获得一定的合理化利润。社会资本的行为完全符合经济人假设。

从政府的角度来看，通过将公共基础设施、自然资源开发或公共服务等项目一定期限内的经营权授权给社会资本以获得项目的融资和建设，一方面能够减轻政府的建设和运维资金压力；另一方面可以借助社会资本的建设管理能力和运营维护能力，提高公共基础设施和公共服务产品的服务效率。

在全生命周期内，政府始终拥有 BOT 项目的控制权。BOT 模式的特许权协议中，政府可以对社会资本所提供的公共产品或服务的收费价格有所限制，同时会对社会资本的最低收益率进行约定，保证社会资本具有获取利润的机会。特许经营期内由于非社会资本建设管理原因造成无法达到该标准时，政府应采取一定的政策优惠措施对社会资本进行补偿。

目前，BOT 模式已经得到了广泛应用，吸引了更多的社会资本投向基础设施的建设和运营，由于 BOT 项目的客户只有政府一个，BOT 协议可以降低社会资本的商业风险，但社会资本必须对政府履约有信心。同时，BOT 模式适合应用于具体项目，对于特定的投资方式来说具有潜在优势，但对系统整体表现影响较小，很难将 BOT 项目带来的生产增长与相应的需求改善联系起来。社会资本可以通过其丰富的项目管理经验降低初始建设成本，但考虑到需要签订无条件支付协议，取代公共融资的私人债务成本相对会较高，招标文件和流程要求对项目进行审慎规划和安排充足的实施时间。

2.3.2　BOOT 运作模式

BOOT（Build Operate Own Transfer），即建设-拥有-运营-移交，是在 BOT 模式上发展起来的，项目建造完成后，项目公司在一定特许经营期内既有经营权又有所有权，政府允许项目公司在一定范围和一定期限内等既定条件下将项目资产进行抵押贷款，以获得更加优惠的贷款条件，在一定程度上减轻项目公司的运维资金压力，可能会使项目的产品（或服务）价格降低。

从社会资本的角度来看，BOOT 模式允许社会资本在项目建成后拥有一定期限的所有权，并通过将项目抵押贷款获得资金以支持后续特许经营期的运营维护，能够缓冲社会资本融资建设过程中的资金负担，有助于提高项目的运营维护效率。同时，政府通过特许经营期内的所有权抵押以换取社会资本降低产品（或服务）价格，对社会资本获取运维资金和社会公众享受实惠都是有益的。

从政府的角度来看，社会资本在特许经营期内拥有 BOOT 项目的所有权和经营权，并不影响政府对 BOOT 项目的控制权。在项目立项和招标谈判阶段，政府对项目的产品特性和功能结构等有着最终的决定权；在项目建设和运维阶段，政府又具有监督检查的权利，以保证项目的产品属性和服务属性符合社会公众要求。同时，社会资本在特许经营期也需要征得政府的同意后方可进行项目资产抵押贷款。

与 BOT 模式比较起来，BOOT 模式在项目财产权属关系上允许社会资本在特许经营期内暂时拥有项目的所有权，且 BOOT 模式的特许经营期一般长于 BOT 项目的特许经营期。

2.3.3 BTO 运作模式

BTO（Build Transfer Operate），即建设-移交-运营，是指社会资本从政府处获得项目开发建设权，负责项目融资和建设管理，建成后项目的所有权就移交给政府，随后政府再将项目的运营维护权委托给社会资本，使其通过使用者付费或政府付费等方式收回投资并获得合理利润。

从社会资本的角度来看，BTO 项目的所有权在建成后就归属政府，在这个移交过程中，项目实体资产仍由社会资本所占有。同时，社会资本仍享有移交后的项目运营维护权，并能通过向使用者收费或政府付费等方式收回投资并获取一定的利润收入。

从政府的角度来看，在 BTO 项目建成后，政府可通过向社会资本（一次性或分期）支付建设成本和合理化利润后获得项目所有权，并授权社会资本在特许经营期内负责项目的运营维护，政府在减轻运营维护压力的同时提高了社会资本的运维资金实力。或者，在 BTO 项目建成后，政府免费获得项目所有权，并通过特许经营期的使用者付费和可行性缺口补贴等满足社会资本的投资回报。

与 BOT 模式比较起来，BTO 项目的所有权在特许经营期内就已经移交给政府，移交过程可以是政府直接购买产品或服务，也可以是免费的，社会资本在特许经营期内通过项目的经济运营以获得经济收益。因此，BTO 模式适用于政府希望在特许经营期内保持对项目所有权控制的项目。

2.3.4 BOT+BT 运作模式

BOT+BT（Build Operate Transfer+Build Transfer），即“建设-运营-移交”和“建设-移交”的结合，是指将项目分为两部分分别采用不同的融资模式进行建设。项目的一部分采用 BOT 运作模式，政府将项目的融资、建设和运营维护等授权给社会资本，社会资本通过特许经营期内的使用者付费等方式回收投资并获取合理利润，并在特许经营期接手后将项目免费移交给政府；项目的另一部分采用 BT 运作模式，政府将项目的融资和建设授权给社会资本，项目建成验收合格后移交给政府，由政府向社会资本一次或分次支付项目总投资和合理利润。

BOT+BT 运作模式多在大型工程建设中使用，政府将具有盈利能力的项目采用 BOT 模式，将公益性较强的项目采用 BT 模式，一方面能够提高项目对社会资本的吸引力，降低政府的建设融资压力；另一方面可以利用社会资本的建设管理经验提高项目的建设效率。

2.4 水利工程 PPP 项目的实践研究

2.4.1 我国水利工程 PPP 项目的发展情况

水利工程是国民经济和社会发展的重要基础设施。“十二五”期间全国水利建设投资达到 2 万亿元，年均投资 4000 亿元，水利投资总规模比 2010 年翻了一番，是水利建设投资规模最大的五年。其中，全国社会投资用于水利建设资金 964 亿元左右，为“十一五”期间的 5.4 倍。我国的水电站、水库、堤防、引调水和灌区工程等大型水利工程主要是为了满足人民生活安定和社会经济发展所进行的公益性和准公益性项目建设，且具有投资规模大、建设周期长、参建单位多、面临风险复杂、受政府管控程度大且盈利能力弱等特点，因此，大部分水利工程主要以政府财政投资为主，社会资本的参与程度较低。

为了加快水利改革发展，拓宽水利投融资渠道，促进经济持续健康发展，国家出台了吸引社会资本参与水利工程建设的政策措施。特别是 2013 年 11 月，中国共产党第十八届三中全会在《中共中央关于全面深化改革若干重大问题的决定》中提出，“实行以政企分开、政资分开、特许经营、政府监管为主要内容的改革，根据不同行业特点实行网运分开、放开竞争性业务，推进公共资源配置市场化”，允许社会资本通过特许经营等方式参与城市基础设施投资和运营，这是我国首次从国家层面上倡导在基础设施领域推行 PPP 项目模式。借助于国家大力推广 PPP 项目的大背景，水利部稳步推进水利行业投融资机制改革，鼓励引导社会资本参与，推动建立健全水利投入多渠道筹措机制。2015 年 3 月，国家发展改革委、财政部、水利部联合印发了《关于鼓励和引导社会资本参与重大水利工程建设运营的实施意见》(发改农经〔2015〕488 号)；5 月，国家发展改革委、财政部、水利部联合印发了《关于开展社会资本参与重大水利工程建设运营第一批试点工作的通知》(发改办农经〔2015〕1274 号)，确定黑龙江奋斗水库工程、浙江舟山大陆引水三期等 12 个项目为第一批国家层面联系的社会资本参与重大水利工程建设运营试点项目，力争通过 2 年左右的时间，探索形成可复制、可推广的经验，推动完善相关政策；6 月，国家发展改革委、财政部、住房和城乡建设部、交通运输部、水利部、人民银行联合印发了《基础设施和公用事业特许经营管理办法》，成为指导和规范 PPP 项目实施的重要文件；12 月，财政部、水利部联合印发了《农田水利设施建设和水土保持补助资金使用管理办法》(财农〔2015〕226号),鼓励采用PPP模式开展农田水利设施和水土保持工程建设。2017年12月7日,国家发展改革委和水利部联合印发的《政府和社会资本合作建设重大水利工程操作指南(试行)》,对政府负有提供责任、需求长期稳定和较适宜市场化运作、采用PPP模式建设运营的重大水利工程项目,包括重大水源工程、重大引调水工程、大型灌区工程和江河湖泊治理骨干工程等提出了举措性操作指引。2019年7月,财政部和水利部联合印发了《水利发展资金管理办法》,鼓励采用政府和社会资本合作(PPP)模式开展水利工程项目建设,创新水利工程项目的投资运营机制。2022年5月31日,水利部印发了《关于推进水利基础设施政府和社会资本合作(PPP)模式发展的指导意见》,强调加强水利基础设施PPP项目全过程管理和水利工程全生命周期管理,提高水利PPP基础设施建设和运营管理水平。

根据全国PPP综合信息平台项目管理库统计[204],截至2022年5月,全国范围内的PPP管理库项目共计10237个,PPP管理库项目投资额共计163592亿元,在基础设施和公共服务的19个一级行业中,水利工程PPP项目的数量位列第6,投资额位列第5(图2.3和图2.4)。

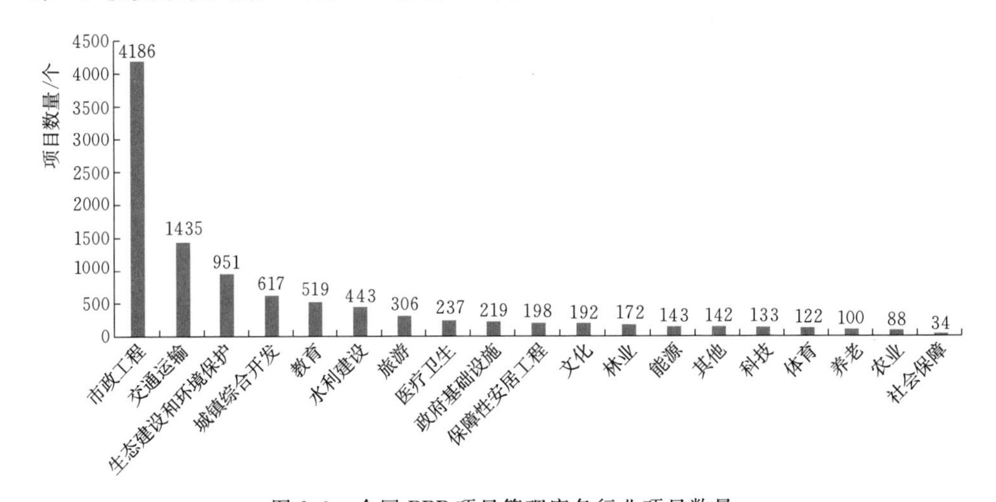

图2.3　全国PPP项目管理库各行业项目数量

截至2022年5月,全国PPP项目管理库中水利建设PPP项目共有443个,见表2.4,项目投资额达3931亿元;目前已进入执行阶段的水利建设PPP项目共计372个,占比达83.97%。全国PPP项目储备清单中,水利建设PPP项目共计224个。在国家层面试点的贵州省马岭水利枢纽工程、广东省韩江高陂水利枢纽工程、湖南省莽山水库工程、重庆市观景口水利枢纽工程、黑龙江省奋斗水库工程和四川省李家岩水库工程等多个试点项目PPP方案已经落地实施。

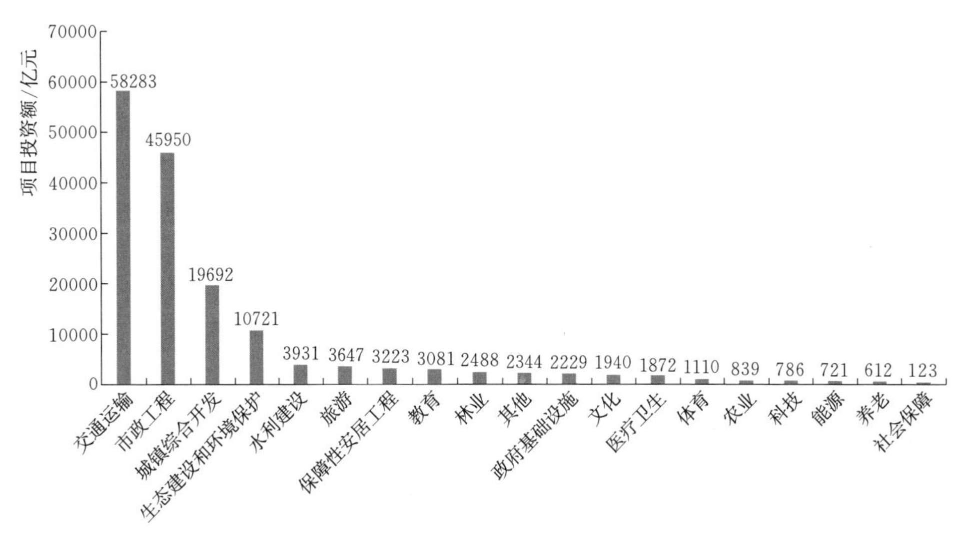

图 2.4 全国 PPP 项目管理库各行业项目投资额

表 2.4 全国水利工程 PPP 项目情况

项目投资额/亿元	PPP 管理库项目数量				PPP 储备库项目数量	
	个数/个	占比/%	执行阶段个数/个	执行阶段占比/%	个数/个	占比/%
$P\leqslant1.0$	17	3.84	14	82.35	15	8.28
$1.0<P\leqslant3.0$	106	23.93	93	87.84	62	33.12
$3.0<P\leqslant10.0$	209	47.18	169	80.86	87	33.76
$P>10.0$	111	25.06	96	86.49	60	24.84
合计	443	—	274	83.97	224	—

通过对水利工程 PPP 项目的实施情况进行调研分析可知，水利工程 PPP 项目大多数是由地方水行政主管部门或水利投融资平台承担。如重庆市观景口水利枢纽工程 PPP 项目，是由重庆市水利投资集团承担项目的投融资和建设运营管理；贵州省马岭水利枢纽工程 PPP 项目，是由贵州省政府指定的贵州省水利投资（集团）有限公司作为授权委托人与社会资本和黔西南州水资源开发投资有限公司共同组建 PPP 项目公司；四川省李家岩水库工程 PPP 项目，是由成都市政府指定的成都市兴蓉集团有限公司和社会资本方共同组建的 PPP 项目公司负责项目的投融资和建设运营管理；河南省许昌市水生态治理工程 PPP 项目和洛阳市伊洛河水生态文明示范区 PPP 项目等，都是由河南省政府成立的水利投融资平台河南水利投资集团有限公司承担项目的投融资、建设、运管维护和移交工作。参与 PPP 项目的社会资本方多数以具有一定资质的国有大型企业为主，

或者由社会资本方与具有相应资质的施工单位组成联合体承担，如贵州省马岭水利枢纽工程 PPP 项目，是由中国电建集团贵阳勘察设计研究有限公司作为联合体牵头方，中国水利水电第十四工程局有限公司和中国铁建大桥工程局集团有限公司作为联合体成员共同作为项目的社会资本方，共同出资 4.28 亿参与项目的建设和运营；国家 172 项节水供水重大水利工程之一的引江济淮（河南段）工程是由河南水利投资集团有限公司作为牵头方，中国水利水电第十一工程局有限公司与河南省水利第一工程局、河南省水利第二工程局作为联合体成员共同承担。从付费方式来看，综合利用水利工程和区域引调水工程多采用“使用者付费+可行性缺口补助”的方式，在收取水费不足以满足社会资本方建设成本和合理回报的情况下，由政府给予一定的可行性缺口补助，补助额度为项目可用性绩效付费和运营维护绩效付费之和，并结合绩效考核结果及与使用者付费的差额；城市水生态治理工程主要采用“政府付费”的方式，由政府购买服务，或者政府将地方开发项目与水环境治理项目打包，社会资本通过水环境整治后的土地升值获得额外收益，以补偿开发建设成本。

2.4.2 我国水利工程 PPP 项目的特点分析

水利工程 PPP 项目的运作流程可分为六个阶段：准备阶段、招标阶段、融资阶段、建设阶段、运营维护阶段和移交阶段，每个阶段包含不同的阶段任务、工作内容和参与者，见表 2.5。本书所阐述水利工程 PPP 项目合同仅限于其“合同阶段”，包括招标阶段、融资阶段、建设阶段、运营维护阶段和移交阶段。

表 2.5　水利工程 PPP 项目运作流程

阶段划分	阶段任务	工作内容	参与者
准备阶段（P）	确定项目（P1）	编制、上报可行性研究报告	政府、咨询机构
	项目立项（P2）	经上级主管部门审批后立项	政府
	确定实施方案（P3）	通过 VFM 进行项目 PPP 适用性检验	政府、咨询机构
	项目公示（P4）	将项目及实施方案向公众公示	政府、公众
招标阶段（B）	资格预审（B1）	通过资格预审选定潜在的社会资本参与者	政府、咨询机构
	发售招标文件（B2）	根据实施方案编制招标文件	政府、咨询机构
	评标（B3）	依据评标标准确定中标候选人	政府、咨询机构
	合同谈判（B4）	与中标候选人进行详细谈判	政府、社会资本、咨询机构
	确定中标者（B5）	依据谈判结果确定中标者	政府
	签订合同（B6）	与中标者就合同事宜详细谈判并签订	政府、社会资本、咨询机构
融资阶段（F）	融资决策（F1）	确定融资任务和目标	项目公司
	融资结构（F2）	确定融资渠道、结构和方式	项目公司

续表

阶段划分	阶段任务	工 作 内 容	参 与 者
融资阶段（F）	融资谈判（F3）	谈判确定融资放贷方	项目公司
	融资执行（F4）	签署融资协议，管理融资活动	项目公司
建设阶段（C）	项目设计（C1）	依据合同目标开展设计	项目公司
	项目建设（C2）	组织、管理项目的建设工作	项目公司
	项目验收（C3）	项目建成后的竣工验收	政府、项目公司
运营维护阶段（OM）	项目运营（O）	特许期的项目运营	项目公司
	项目维护（M）	项目运营中的日常检修、维护	项目公司
移交阶段（T）	项目移交（T）	特许期满后项目移交给政府	政府、社会资本、项目公司

水利工程 PPP 项目因其专业特性形成了与其他行业 PPP 项目的不同特点：

（1）准公益性。水利工程 PPP 项目社会性较强，多数是为地方群众服务的防洪、防凌、排涝、灌溉、调蓄、供水等准公益性工程项目（如生态治河工程、海绵城市工程等），项目的经济效益较低。

（2）参与主体复杂性。水利工程 PPP 项目涉及的政府部门包括财政、水利、征迁移民、市政、城建、规划等，还涉及社会资本、承包商、设计方、供货商等，项目协调难度大。

（3）涉及专业多元化。水利工程 PPP 项目涉及水利工程、机电设备、道路桥梁、市政绿化、景观规划、水土保持、环境保护等多行业多专业。

（4）合同关系开敞性。水利工程 PPP 项目合同模式多为敞口式，既要考虑减轻政府财政压力，又要考虑社会资本的赢利需求。

（5）收益方式多样性。水利工程 PPP 项目中社会资本主要通过政府补助、政府股权收益让渡、政府赋予其他开发经营权益、使用者付费或融资获利等方式收益。

2.4.3 我国水利工程 PPP 项目实践中存在的问题

通过对目前我国水利工程 PPP 项目的准备、招标、融资、建设、运营维护和移交等六个阶段调研分析，可知水利工程 PPP 项目实践过程中存在的问题。

（1）水利工程 PPP 项目具有较强的准公益性。技术要求高、投资大，加上项目实施的框架限制，导致社会资本方参与有一定难度，参与水利 PPP 项目中的 Private 多数为国有资本企业，极少有私营资本参与到水利工程 PPP 项目建设中，这就导致了合同谈判过程中政府部门将过多的风险转嫁给国有资本承担，而国有资本对合同约束的严谨性缺乏深度把握。

(2) 水利工程 PPP 项目过分强调政府的主导作用。PPP 被简单地理解为政府的融资工具，不仅会增大政府的财政风险，而且会使社会资本的项目运营和市场运作能力被削弱。同时，由于历史惯性思维，水利工程建设中更倾向于申请和使用财政资金，忽视水电项目的经营性。地方政府部门在积极推广水利工程 PPP 项目的过程中，存在着各种形式的机会主义行为，多数是以填补公共财政预算缺口为主要目的 PPP 模式 1.0 阶段，以及以全面提升公共治理能力并提高公共产品供给效率为目的 PPP 模式 2.0 阶段[205]。

(3) 水利工程 PPP 项目实践中，政策规定不够具体，缺少相关细化规定。政府和社会资本联合成立的 PPP 项目公司面临着实际权力范围界线模糊、项目管理成熟度水平较低等问题，形成了“重融资、轻运营，重建设、轻管理”的不良现象，扭曲了 PPP 管理模式，容易造成设施投入使用后不能发挥最大效用，浪费投入的建设资金并会加大后期运营维护成本。

(4) 水利工程 PPP 项目中，政府部门越俎代庖过多干预项目实施过程。社会资本无法获得充分的建设管理自主权，不能实现真正的“专业的人干专业的事”，政府和社会资本之间的信息共享、地位均衡、合作道德自律、资源优势互补和风险公平承担等实现程度较低，水利相关优惠政策难以与 PPP 项目有效对接，导致水利 PPP 项目实践中难以操作和利用到位。

(5) 水利工程 PPP 项目盈利分析深度不够。回报机制和付费机制关联不紧密，相关激励机制不健全，对社会资本的吸引力不够，导致大多数水利 PPP 项目都涉及政府付费（包括政府可用性付费和可行性缺口补助等）；加上水利项目投资规模大且所需资本金较多，在 PPP 项目“盈利但非暴利”的原则下，资本金设置规则不清晰容易导致政府付费规模偏大，或降低社会资本投资积极性，或导致中途变更增加交易成本。如贵州马岭水利枢纽工程右岸水厂进口断面城乡供水单位总成本约为 0.92 元/m^3，政府承诺工程运行后供水原水价不低于 1.80 元/m^3，达不到时每年政府财政补贴 1000 万元，有可能能够弥补社会资本的投资成本，但从长远发展来看，会增加政府的水价调整压力和财政补贴压力，不利于项目的良性运营和持续性发展。

(6) 水利工程 PPP 项目统筹协调难度大。大部分水利工程涉及跨区域跨州市，治理管辖区并非集中于一个地方政府，且涉及政府的规划、水务、环保、财政、移民和规划等多个部门，项目实施推进过程中协调难度较大，推诿现象多。同时，部分水环境治理 PPP 项目中涌入的社会资本对技术的重视程度不够，相关专业技术支撑欠缺无法满足项目的综合性要求，容易导致项目规划、建设管理和运营管理无法实现真正的专业化。

2.5 本章小结

本章梳理了PPP项目的发展历程、概念界定、核心原则、功能特征和常规运作模式，结合我国水利工程PPP项目的实践情况，分析水利工程PPP项目的特点和实践中存在的问题。

(1) 梳理了国内外PPP项目发展历程，在此基础上界定了PPP项目的概念，探讨了PPP项目真正的风险分担、明确的产出要求、强调全生命周期绩效、回报与绩效关联四个核心原则，研究了PPP项目的管理机制创新、扩量融资功能和新技术推广应用功能，分析了PPP项目的特许经营期、运营量和运营价格的特点及其之间的相互关系。

(2) 将我国的公私合作发展从类别上分为外包模式、特许经营模式和不完全私有化模式，分别从社会资本和政府的角度分析本书主要涉及的BOT、BOOT、BTO和BOT+BT等四种运作模式的特点和优缺点。

(3) 通过资料收集分析我国水利工程PPP项目的实践发展情况，结合水利工程的专业特性梳理了水利工程PPP项目的准公益性、参与主体复杂性、涉及专业多元化、合同关系开敞性和收益方式多样性等独特特点，研究了水利工程PPP项目实践中存在的风险分担不均衡、机会主义行为、PPP管理模式偏差、政府过多干预、财务盈亏平衡分析不足和统筹协调难度大等问题。

第 3 章 综合利用水利工程及其运行调度随机分析

本章在梳理洪水资源化管理的基础上，分析综合利用水利工程的基本属性、投资特征、资产结构特征、效益特征和风险特征，基于广义概率密度演化方程分析综合利用水利工程的运行调度随机过程。

3.1 洪水资源化管理

水资源是适合某地对水的需求，具有可用质量和足够数量，能够持续供应以满足地区社会经济发展所需的水源。洪水资源具有水资源的一般属性，同时具有开发利用难度大、不能被长期利用、供水保证率低和风险灾害影响大等特殊属性。作为水物质运动变化形式之一的洪水，本身并不具有灾害属性，但在特定环境、特定时间和特定地点会形成危害人类社会生存和发展的洪水灾害。洪水是自然界的水文现象，同其他水文事件或现象一样，洪水不仅具有确定性变化规律，还具有随机性变化规律，同时洪水特征指标还具有模糊性[206]。洪水灾害是人与洪水不和谐的结果，具有不确定性、普遍性、地域性以及损失的差异性等。

基于考虑防洪安全多、考虑洪水兴利少的惯性思维，长期以来，人们对洪水水资源的观点是：平水年尤其是枯水年，水资源是宝贵资源，要充分利用，但是在大洪水年份，洪水便不再是资源，而是水害，要尽快排走、入海为安。随着经济社会的快速发展，洪水资源化不断被人们关注。2003 年年初，水利部和国家防办明确指出，防洪要从控制洪水向洪水管理转变。洪水管理是指人们理性协调人与洪水的关系，承担适度风险，规范洪水调控行为，合理利用洪水资源以满足经济社会可持续发展需要的一系列活动[207]。洪水管理的目标是利用工程措施和非工程措施防范洪水对人类社会发展产生的各类负面影响；同时，最大限度地满足国民经济发展、生态安全和社会进步的要求。促进洪水资源化是洪水管理的重要任务之一。洪水资源化是在确保防洪安全的前提下，转变传统的“入海为安”思想，坚持着眼全年洪水、重在汛末洪水、效益和风险相互权衡的原则，统筹协调防洪减灾和兴利于民，综合运用系统论、风险管理、信息技术等现代理论、管理方法、科技手段和工程措施，采取切实可行的洪水管理措施，合理配置洪水资源，在满足防洪安全的前提下充分发挥洪水资源的经济效益、社会效益和生态效益，实现防洪减灾、洪水资源高效利用和改善生态环境的目的。

洪水资源化不仅符合我国传统的治水思想——兴利除害，也符合现代化水利理念——优化配置水资源，保障经济社会可持续发展，既是减少洪涝灾害、解决水资源紧张的有效途径，也是恢复流域生态环境的重要策略。洪水资源的转化形式主要为蓄于地表和补于地下，其主要途径包括：①在保证安全的前提下，适当抬高水库汛限水位，多蓄洪水或放水于下游河道；②有控制地引洪和蓄洪于蓄滞洪区和湿地；③综合利用水库、河网、渠系、湿地和蓄滞洪区，调洪互济；④利用洪水前锋清洗污染河道；⑤适时延长洪水在蓄滞洪区的蓄滞时间以增加回补地下水量。

洪水资源化主要是坚持点、线、面兼顾，工程措施、非工程措施和管理措施并重，蓄、泄、滞、引、部有机结合，通过科学调度，在保证防洪安全的前提下，充分利用雨洪资源，达到防洪减灾、增加水资源、改善水生态环境的目的。工程措施包括留（利用土壤、植被、水库和湖泊等储存水量）、配（利用水库调配水沙）、引（引出分流，引进调水）和防（堤防工程，河道整治）等基本模式，主要有堤防、河道整治工程、分洪工程与水库防洪工程等，通过建设和运用这些工程，扩大河道泄量、分流疏导和拦蓄洪水，以达到防洪目的。非工程措施是优化工程设施的运行管理方法，提升已有工程措施的效益最大化能力，主要内容包括水文预报、洪水频率分析、洪水保险、防洪调度和超标准预防措施等，以及相关法令、政策、经济等防洪工程以外的手段。非工程措施包括洪水预警预报、保险和灾后救援、土地利用规划、用水规划等，虽不能直接改变洪水存在的状态，但可以预防和减免洪水的侵袭，更好地发挥防洪工程的效益，减轻洪灾损失。

综观国内外除水害、兴水利的经验，综合利用水利工程作为调蓄洪水、调节水流的核心水利基础设施，在统筹解决防洪、供水、灌溉、发电、航运和流域生态环境保护等多重目标起到了重要作用。随着社会经济的快速发展和科学技术的不断进步，人们在气象预报、水文预测、工程技术、管理方法和应急响应等方面取得了许多优异成果，丰富了水库防洪调度的技术支撑，在此基础上不断挖掘水库调蓄能力，在不增加防洪风险的前提下，将水库汛期洪水资源转化为可利用水资源，持续发挥水库调洪、发电、灌溉和供水等综合效益，实现真正的“洪水资源化”，对缓解当前水资源不足的情形具有重要的现实意义。近年来，我国逐步形成了以河流骨干水库群为核心的防汛、抗旱应急调度和发电、供水兴利工程调度体系。2018年，全国共545条河流发生超警戒水位洪水，其中72条发生超保证水位洪水，24条发生超历史洪水[208]。长江流域上游主要水库群通过科学调度拦蓄洪水110多亿m^3；金沙江中下游梯级水库联合调度拦洪减轻了川渝江段防洪压力；黄河上游龙羊峡、刘家峡水库联合调度和中下游小浪底水库拦洪削峰和排沙减於，减轻了宁蒙河段防洪压力，保障了下游滩区群众的生命财产安全。同时，在不影响防洪安全和水资源安全的前提下，流域水库做好汛末蓄水工作，统筹水库群发电泄流能力，为实现洪水资源化和保障发电效益创造有利条件。

3.2 综合利用水利工程的特征分析

综合利用水利工程以水库枢纽为控制点，以流域上下游河道为线，以水库控制流域和影响范围为面，根据水库上游控制流域的降水情况、地表水情况、地下水资源状况和河道汇水情况，通过合理化运行调度，实现防洪、发电、供水、灌溉、生态环境、旅游、养殖等多目标综合效益，部分综合利用水利工程还有防凌、减淤等任务。本书从基本属性、投资特征、资产结构特征、效益特征和风险特征等方面对综合利用水利工程的特征进行分析。

3.2.1 综合利用水利工程的基本属性

综合利用水利工程除了具有水利工程的一般属性外，还具有其独特的基本属性：

(1) 工程投资大、工期长、建设难度大。综合利用水利工程一般投资规模大，需要几亿元到几十亿元，甚至几百亿元；工期长，大多需要几年甚至十多年才能建成；水文、地质等自然条件对工程建设的影响大，不良的水文地质条件往往使得工程技术难度增大，工程导截流、度汛往往是水利枢纽工程建设的必须面对的重要问题；水库淹没造成的土地征占和移民搬迁安置难度大，而且伴随着复杂的社会问题，经常成为工期延误和投资增减的主要因素；工程对生态环境的影响大，生态环境保护经常成为制约工程建设的主要因素；经济社会环境对工程建设的影响大，社会物资与劳动力供应、通货膨胀等对工程成本影响大。因此，在采用PPP模式时，对社会资本的资金实力、建设管理能力和风险承担能力等提出了较高的要求，在一定程度上影响社会资本参与的吸引力。

(2) 工程效益以公益性为主，整体上财务盈利能力较低。综合利用水利工程的开发目标一般以防洪为主，属于社会公益性服务；发电、供水、灌溉等服务具有自然垄断属性，沉淀成本大，资产专用性强，对于社会公众的利益影响大，其供水价格、发电价格等受政府规制约束，并不是充分竞争、完全的市场化经营。因此，综合利用水利工程的具有准公益特性，整体上财务盈利能力较低，外部效应大，一般来说，经营性收益难以维持工程总成本费用支出。

（3）工程对经济社会影响大。工程及其防洪调度安全关系到广大人民群众的生命财产安全。供水保证率影响受水区居民、工业、农业和水生态等用水安全。因此，要求项目公司通过提高经营水平促进项目运行调度、工程维护管理水平，保证社会服务质量和工程安全。

（4）工程是政府防洪、抗旱公共应急调度的战略性基础设施。当工程遭遇超标准洪水或流域整体防洪要求的需要，工程调度运行必须服从防洪安全；当受水区及其比邻地区发生严重旱情时，工程必须执行应急供水调度。这些公共应急调度，往往会造成项目的发电、供水财务收益损失。

3.2.2 综合利用水利工程的投资特征

根据投资项目的投资主体不同，以及所产生经济效益、社会效益和市场需求情况不同，按照市场有效性和效益特殊性原则，投资项目大体可分为竞争性投资项目、基础性投资项目和公益性投资项目。竞争性投资项目、基础性投资项目和公益性投资项目在投资主体、资金来源渠道、融资方式、市场需求、投资经营管理和投资收益等方面具有明显的差异。

竞争性投资项目是指经济效益较好、市场调节灵活、投资吸引力大且具有较强市场竞争力的项目，主要由企业通过市场融资获取建设资本金，招标选取施工单位进行建设，并通过市场化运营获取投资利益。基础性投资项目是指需要政府扶持的建设周期长、投资基数大、收益水平低且具有一定自然垄断性质的基础设施项目，如由中央政府作为投资主体实施的高速铁路、国家高速公路、国道、重大农业灌区工程、跨流域调水供水工程和跨江（海）大桥等，由地方政府作为投资主体实施的地区性高速公路、省道县道、农田灌溉项目、水库供水工程和其他水利工程等，以及直接增强国力的国家级支柱产业项目，如海上油气田开发、西气东输工程、南水北调工程和航空航天工程等。公益性投资项目是指为社会大众或社会中某些人口群体的利益而实施的建设项目，包括政府部门发起实施的农业、水利、环境、教育、科技、文化、体育和医疗卫生等事业的建设项目，公检法司等政权机关的建设项目，以及政府机关、社会团体办公设施、国防设施建设项目等，也包括民间组织发起实施的扶贫设施、妇女儿童发展项目等。

综合利用水利工程一般具有防洪、防凌、减淤、供水、灌溉、航运、发电、水产养殖和生态旅游等多种综合性功能。根据工程功能的不同，综合利用水利工程可分为以防洪为主、发电供水为辅的综合利用水利工程和以发电为主、兼顾防洪灌溉的综合利用水利工程。综合利用水利工程的水库大坝、水源保护设施等具有基础性投资项目的特征，防洪、防凌和减淤等功能属于公益性投资项目，发电、供水、灌溉、航运、水产养殖和生态旅游等功能具有竞争性投资项目特点。从项目投资结构的角度看，综合利用水利工程既具有基础性投资项目的建设周期长、投资大且收益低特点，又具有公益性投资项目的为社会公众防洪度汛的功能，还具有竞争性投资项目的投资吸引力大特点，因此，它是一个混合型投资项目，不适合采用某一单一类别的投资管理制度。

3.2.3 综合利用水利工程的资产结构特征

水利资产是人们采用各种工程措施对水资源的控制、调节、治理、开发、管理和保护等过程中建成的满足人类社会防洪兴利和生产生活需求的水利工程设施所形成的资产。从工程功能和市场化角度来看，综合利用水利工程的资产结构可分为公益性可分资产、经营性资产和公用资产三大类，见表 3.1。

表 3.1　　综合利用水利工程的资产结构特征

类型	投资主体	使用权所属	效益享用所属	水利设施功能
公益性可分资产	政府/社会资本	社会公众	社会公众	防洪、排涝、防凌、减於或调水调沙
经营性资产	政府/社会资本	政府/社会资本	政府/社会资本	发电、供水、灌溉、航运或水产养殖
公用资产	政府/社会资本	政府/社会资本	政府/社会资本、社会公众	枢纽大坝、导（泄）流建筑物和库区占地

(1) 公益性可分资产是由社会公众共同利用其功能并免费享用其效益的枢纽工程资产。综合利用水利工程的防洪、排涝、防凌、减於和调水调沙等水利设施所形成的资产均属于公益性可分资产，一方面具有产权的排他性，其产权多数属于项目投资者独有；另一方面又具有效益享受的非竞争性，其保护范围内由所有受益者共同享用，任何人都无法阻止他人从中受益，每个受益者也无法拒绝它所提供的保护，同时任何人的消费都不会导致其他人对该物品消费的减少。公益性可分资产具有明显的社会效益和经济效益，但财务效益欠缺，因此多数是由政府进行投资，其产权属于政府，社会资本的投资愿望不高。

(2) 经营性资产是由枢纽工程产权主体或运营权主体独立使用其功能并单独享受其效益的水利资产。综合利用水利工程的发电、供水、灌溉、航运和水产养殖等水利设施所形成的资产均属于经营性资产，一方面具有产权的排他性，其产权多数属于项目投资者独有；另一方面又具有效益享用的排他性，在其保护范围内具有一定的自然垄断性，产生的发电效益、供水效益、灌溉效益、航运效益和水产养殖效益等均由项目投资者单独享有，将其他人排除在外。经营性资产具有较高的经济效益，因此对社会资本的投资吸引力相对较高。

（3）公用资产是由枢纽工程公益性功能和经营性功能公用的设施所形成的水利资产。综合利用水利工程的枢纽大坝、导泄流建筑物和库区占地等水利设施既要为防洪、排涝等公益性功能的发挥奠定基础，又要为发电、供水等经营性功能的实现提供保障，该部分资产属于公益性资产和经营性资产的结合部分，因此其多数是由公益性资产所有权者和经营性资产所有权者按照功能效益比例共同承担建设投资，并按照投资比例或功能效益比例共担运维成本、共享公共效益。

3.2.4 综合利用水利工程的效益特征

综合利用水利工程的效益可分为两部分：一是以防洪、防凌、减淤和排涝为主的公益性效益，它面向其保护范围内的所有社会公众，任何人都无法阻止他人享受该项服务，每个受益者也无法拒绝它所提供的保护，同时任何人的消费都不会导致其他人对该物品消费的减少，具有受益的非排他性和消费的非竞争性；二是以发电、供水、灌溉、航运、水产养殖和生态旅游为主的经济性效益，通过使用者付费来实现经济效益，具有自然垄断性和投资竞争性，如图 3.1 所示。为了保证综合利用水利工程的良好运行，工程公益性功能的运行费用一般由经营性收益或政府补贴承担。

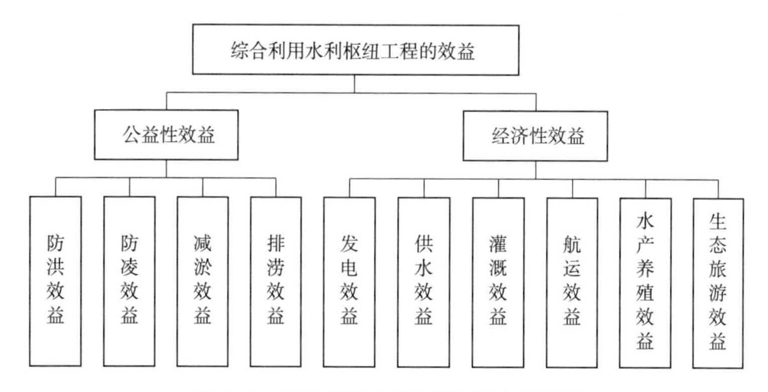

图 3.1 综合利用水利工程的效益特征

3.2.4.1 防洪效益

防洪效益是指通过对综合利用水利工程的调度运行，使国民经济免遭洪水损害的效益，包括防洪经济效益、防洪社会效益和防洪环境效益。

1. 防洪经济效益

防洪经济效益是指综合利用水利工程，通过防洪工程措施和防洪非工程措施或其他综合措施可减免的洪灾损失和增加的土地开发利用价值。防洪经济效益主要有减免人口伤亡；减免洪水淹没损失；提高防洪标准，增加土地利用价值；减轻防洪救灾的人力、财力、物力负担（包括善后安排等财政支出）。

按防洪措施作用的时空边界范围，防洪经济效益可分为防洪直接经济效益和防洪间接经济效益。防洪直接经济效益就是由于防洪措施而减少的洪水直接淹没损失，如减少的农作物的减产损失，减少的房屋、设备、物资、工程设施的毁坏损失，减少的工商企业停产停业而少创造的社会财富等。防洪间接经济效益则是防洪措施减少的间接损失，如由于采取有效的防洪措施确保交通、通信、原材料供应等不中断，未产生经济活动受阻或停滞而造成的经济损失等。

2. 防洪社会效益

综合利用水利工程本身不直接生产防洪实物产品，而是通过有效的防洪调度为区域社会经济发展和人民生活提供安全保障，产生的防洪社会效益渗透在社会经济和人民生活的许多方面，很多效益难以货币或实物定量表示。

防洪调度的社会效益包括：①避免或减少人员伤亡或灾民流离失所等社会性事件对社会安定和经济发展产生不利影响；②避免或减轻防汛抢险救灾对社会正常生产、生活的影响；③避免洪水事件造成交通、通信、供水或供电等中断对正常生产、生活和社会经济发展的影响；④避免或减少上下游、左右岸水事矛盾对保障社会安定团结的影响；⑤避免因洪灾引起的亲友伤亡，家庭财产的损失，对外联系中断，被迫停业、停课等造成的沮丧和焦虑等心理创伤；⑥避免或减轻洪水可能对景观、文物破坏的作用；⑦移民迁建和后扶政策发挥一定的脱贫作用；⑧防洪配套措施建设及运行有利于保障一定范围内的社会就业；⑨有利于促进区域水文化建设和实现人水和谐。

防洪调度对促进地区发展的作用包括：①有利于提高防洪标准、改善投资环境、加快地区经济发展；②有利于优化生产力合理布局，推动产业结构优化调整；③移民迁建能够加快地区城镇化进程，有利于新城镇经济区的形成和发展；④有利于优化区域土地利用结构，提高区域土地资源开发效益；⑤有利于开展区域旅游业和水产养殖业，丰富区域产业结构，促进地区经济持续发展。

3. 防洪环境效益

防洪调度除了产生经济效益和社会效益外，还可以避免洪灾使生态环境恶化，维持生态平衡，优化区域水生态环境。防洪调度的环境效益包括：①减轻或避免洪灾，为社会提供稳定的生产、生活环境；②减轻或免除洪水泛滥可能带来的次生性疾病传染、水质恶化和生存环境恶化等严重危害；③防洪工程对资源和环境的改善效益。

3.2.4.2 发电效益

水电能源是世界上第一大清洁能源和可再生能源，满足全世界约20%的电力需求[209]。水力发电作为电网的重要组成部分，承担着电能供给的重要任务。综合利用水利工程的发电效益是主要的经营性收益，具有显著的投资竞争性。其利用水能产生电能并输送入网的过程一般分为四个阶段：①获得水能阶段，由水库大坝汇集河川径流，抬高水库水位，集中河段落差形成水头；②调节和传递水能阶段，水能由水库在时间上重新分配，利用各种取、引水建筑物和设备输送至水轮机；③能量转换阶段，通过水轮机做功将水能转换为机械能，并带动发电机将机械能转换为电能；④输送电能阶段，通过各种输、变、配电设备转换电能参数，经电网将电能输配给用户使用。

在电能生产和输配过程必然会发生各种能力损失，第①、第②阶段存在由于蒸发及渗漏的水量损失和取引水建筑物与输入管道的水头损失引起的水能损失，第③阶段存在水轮发电机组的机械能损失、电磁能损失和过流通道中的水力损失等组成的能量转换损失，第④阶段则存在输配电能损失等。根据系统负荷或水情信息，合理安排发电运行方式，在一定时期内以一定的出力争取获得最大发电效益或耗用最少发电用水量。

综合利用水利工程在满足防洪、供水、防凌、航运和生态环境等综合调度需求的前提下，在保障电力系统、水电站及其水利设施等安全运行的基础上，对入库径流或电力负荷在电站、机组间优化调度，合理利用水能资源以获取最优的发电效益。发电效益主要受两方面因素的影响：一是水电站的水工建筑物和机电设备安装运行方式、入库径流流量及发电可用水量分配、电站调度方式；二是综合利用要求和电力系统的影响等。

3.2.4.3 供水效益

随着世界人口的增加、工农业生产的发展和城市建设的扩张，水资源相对短缺与分布不平衡逐渐成为社会经济发展的主要制约因素。综合利用水利工作作为人类开发利用水资源的工程措施之一，通过水库蓄水将流域水资源集中起来，利用配套供水工程将上游来水输配给用水户，以满足居民生活用水、工业生产用水、农业灌溉用水、生态用水和其他用水需求，并按照有偿使用的原则向用水户征收相关水费。该费用即是供水效益的经营性收益，是综合利用水利工程经营性收益的重要组成部分，也是工程投资竞争性的重要拉动力量。

居民生活用水关系到人们的生存，生活用水的价值难以量化，实际中多采用工业单方供水效益指标作为生活单方供水效益。

工业供水效益的计算方法包括：①最优等效替代法，即按照最优等效替代工程或节水措施所需的费用计算；②缺水损失法，按照缺水使工业企业停产、减产等造成的损失计算；③影子水价法，按照工业供水量乘以地区影子水价计算；④分摊系数法，根据水在工业生产中的地位和作用，用工业净产值乘以供水效益的分摊系数近似计算。

农业供水效主要是灌溉效益，其计算方法包括：①缺水损失法，即按照缺水使农业减产造成的损失计算；②影子水价法，按照灌溉供水量乘以地区影子水价计算；③分摊系数法，按照实施灌溉和农业节水措施所获得的总产值乘以灌溉效益分摊系数计算。

3.2.4.4 其他效益

综合利用水利工程除了防洪、发电、供水等常规效益外，部分工程还具有航运、防凌和减淤等效益。

航运效益是通过枢纽工程蓄水抬高上游水位，改善上游河道水流条件，并经过枢纽工程调节，增加下游枯水期流量，改善下游浅滩河段通航条件，保证河道通航顺畅。

防凌效益是利用已建水库进行防凌调度，按照水力因素和河冰形态演变之间的关系，防凌时期调整河道流量和流速变化过程，延缓或避免河道冰封，或者利用水库库容，减小下泄流量，保证河道安全；流凌期增大泄水流量，抬高冰盖，增大河道过流能力，防止产生冰塞。

减淤效益是根据枢纽工程水工建筑设计的排沙措施和流域的具体水沙特性，结合工程各种兴利要求，充分利用枢纽工程可调节库容和河道输沙能力，通过降低汛期运行水位、蓄清排浑、推迟水库蓄水时间等有效地排沙减於措施，借助水力作用，将水库和下游河床淤积泥沙冲入大海，从而保持水库有效库容，维持水库良好运行，增大河道行洪能力，保证河道行洪安全。

3.2.4.5 防洪效益、发电效益和供水效益的关系

综合利用水利工程的防洪效益是必须满足的目标，在满足防洪调度要求的前提下，充分发挥发电效益和供水效益，力争实现工程效益的最大化。防洪效益是按照防洪调度规则适时开展蓄泄控制工作，在保证枢纽工程和防护目标安全的同时实现防洪经济效益、社会效益和环境效益；供水效益和发电效益是枢纽工程的蓄水经发电系统和供水系统的作用后实现，发电可用水量和供水可用水量取决于枢纽工程的蓄水量，并直接影响着发电效益和供水效益的期望值。虽然各工程效益的具体实现方式不同，但都是通过水库调蓄来实现的，因此它们之间存在着紧密的相关关系。

为了实现综合利用水利工程的防洪目的，充分发挥防洪效益，需要根据水文气象预报、洪水过程预测和防洪调度方案调整枢纽工程的蓄水量，改变了发电用水量和供水用水量的保证率，进而影响发电收益和供水效益。在综合利用水利工程的总可用水量一定的情况下，发电用水量和供水用水量之间存在着竞

争性关系，供水用水量的增加，可能会降低发电用水量的保证率，进而导致发电效益的期望值降低；类似地，发电用水量的增加可能会降低供水效益的期望值。因此，防洪效益对发电效益和供水效益均具有负相关关系，发电效益和供水效益互为负相关关系，相关关系如图 3.2 所示。

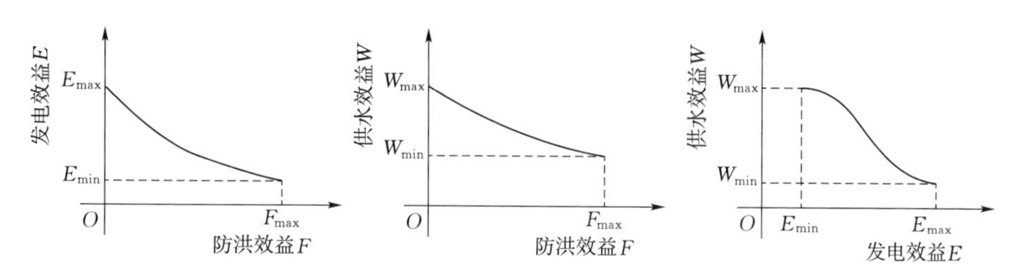

图 3.2 防洪效益、发电效益和供水效益之间的相关关系

3.2.5 综合利用水利工程的风险特征

综合利用水利工程的全生命周期风险可划分为建设期风险和运营期风险。建设期风险指从项目建议书开始至工程完工（竣工）验收期间所面临的风险；运营期风险是指工程完工（竣工）验收后运行期间面临的风险。

3.2.5.1 建设期风险

综合利用水利工程建设期所面临的风险，主要有政治风险、社会风险、经济风险、工程技术风险、组织管理风险和自然风险。

1. 政治风险

建设期的政治风险是指政府对综合利用水利工程建设的政策和相关法律法规的改变所引起的不利变化，政府部门越权干涉工程建设，以及政府官员腐败、不作为对工程建设的影响等。

2. 社会风险

建设期的社会风险是指社会群体性事件对工程建设的影响，主要有工程建设与当地宗教信仰或文化风俗矛盾产生的风险、社会治安差引起投资增加的风险、公众反对态度的风险及征地移民补偿问题带来的风险等。

3. 经济风险

建设期的经济风险是指由于外部经济环境变换带来的风险，包括宏观经济的变化引起的通货膨胀风险、利率增大风险、原材料及人工成本增大风险、投资不足风险、政府税收调整风险等。

4. 工程技术风险

建设期的工程技术风险是指在工程实体建设过程中可能遇到的风险，包括勘察不足风险、设计不足风险、建筑物材料不合格风险、现有施工技术不满足风险、工程质量不合格风险以及不能完工验收风险等。

5. 组织管理风险

建设期的组织管理风险是指由于组织和管理不善引起的风险，包括决策失误风险、合同不完善风险、申请审批程序延误风险、资源不足风险、工期延误风险、由于人的失误或恶意造成损失的风险以及建设过程中的人员安全风险等。

6. 自然风险

建设期的自然风险是指由外部自然环境变化引起的风险，包括台风、暴雨、冰冻、地震、洪水、泥石流及其他不可预见的自然灾害等。

3.2.5.2 运营期风险

运营期风险是指综合利用水利工程在运行过程中，可能出现的对工程实体破坏的风险、导致运行成本增加及收益减少的风险，包括政治风险、经济风险、社会风险、自然风险、工程风险及管理调度风险等。

1. 政治风险

运营期的政治风险是指由于政府行为或应政府要求所导致的工程运营收益受损的风险，包括政府的特定要求改变原有的运行方式，如下游特殊干旱等引起的应急供水，导致的收益损失；法律法规政策的变化导致的收益损失，如政府降低水电比例，导致发电量受限而造成的收益受损；政策性放水，如防洪、调水调沙，导致的成本增加和收益受损；政府部门越权干预导致损失风险；以及政府取消减免税带来的经济损失风险等。

2. 经济风险

运营期的经济风险主要有外部环境变化引起的运行成本增大风险，如燃料动力费、人工费、日常维护费、管理费及税费等成本费用超支风险；政府对公益性功能运行的补贴不足风险；利率变动引起的运营收益损失风险；同类项目竞争导致水价电价降低而发生的收益受损；运营单位偿还债务能力不足，发生破产风险；税收改变风险以及由于技术进步或突破导致水电费用降低带来的收益损失风险。

3. 社会风险

运营期的社会风险主要是指由于前期征地移民和环境破坏问题，群众可能的过激行为导致的管理成本增加风险，以及其他社会突发事件对工程安全运行及收益的影响。

4. 自然风险

运营期的自然风险包括暴雨洪水对工程的损坏风险，上游干旱导致的缺水风险；上游来沙量增大导致水库排沙任务增大，影响工程正常运行，导致收益损失的风险；地震、泥石流导致工程破坏风险；以及超标准洪水引起的调度成本增加和收益损失风险等。一般来说，综合利用水利工程在运行过程中首要的目标是防洪度汛，因此洪水风险也是运营期的主要风险。

5. 工程风险

运营期的工程风险是指在工程运行过程中，工程本身发生的损害或功能缺失风险，由于综合利用水利工程所处地理位置一般都比较偏远，工程地质条件复杂，施工作业环境较差，使得工程设计阶段和施工阶段经常会出现各类突发困难事件，加上在规划设计、施工建设和运营管理中可能存在的技术短板和管理漏洞等，导致工程主体或配套设施存在或多或少的不影响项目正常运行的问题或缺陷，造成部分预期功能目标不能完全实现。

6. 管理调度风险

运营期的管理调度风险是指由于经营管理不善导致的盈利损失风险，对设备维护不善导致的成本增加风险，人为失误导致的对建筑物、设施设备的损害及水量的损失风险，由于气象预报的不确定性导致的调度不合理风险等。

3.2.5.3 总体风险特征

综合利用水利工程的总体风险特征包括：

(1) 枢纽工程的投资规模大，建设工期长，技术要求高，工作条件复杂，环境影响大，造成项目所面临的建管风险众多且复杂。

(2) 枢纽工程的地质条件复杂且不确定性高，而地质条件的改变会对工程建设进度、投资和技术方案等产生较大的影响。

(3) 枢纽工程的拦河筑坝和水位抬升等产生的建设征地、库区（及上游）淹没和移民搬迁安置等社会问题具有较高的不确定性，且协调处理难度较大，容易影响工程建设的进度和投资等。

(4) 相比于其他工程，枢纽工程的投资规模较大，且资产专用性强、沉淀成本高，项目开工后的终止成本较高，因此对项目投资者的资金实力、建管水平和运营能力都有较高的要求。

3.3 综合利用水利工程的运行调度随机分析

受水文气象条件的影响，综合利用水利工程的入库流量和出库流量具有较强的不确定性，这就决定了其运行调度必然是一个随机过程，在考虑各种随机影响因素基础上精确地分析运行调度过程是比较困难的。本书运用概率密度演变理论对运行调度过程进行随机分析。

3.3.1 广义概率密度演化方程

近十多年来，李杰等[210]在对概率守恒原理深度剖析的基础上，利用概率守恒原理的随机事件所提供的对随机事件分解观察的可能性，与物理系统解耦方法结合，形成了适用于随机动力系统分析的广义概率密度演化方程，并将其与虚拟随机过程技巧相结合用于随机数据的概率结构建模。

设 m 维随机动力系统的状态方程为

$$X = A(X_0, \widetilde{\Theta}, t) = A(\Theta, t),\ X_l = A_l(\Theta, \mathrm{t}) \tag{3.1}$$

式中：X 为 n 维状态向量；$A(\cdot)$ 为系统状态为参数向量的函数；X_0 为初始条件；$\widetilde{\Theta}$ 为除初始条件外的随机变量构成的向量；t 为时间；$\Theta=(X_0,\ \widetilde{\Theta})$ 为系统所有随机变量构成的向量；$X=A(\Theta,\ \mathrm{t})$ 为 X 的物理解；X_l、A_l 分别为 X、A 的第 l 个分量（$l=1,2,\cdots,n$）。

记 $X(t)$ 在$\{\Theta=\theta\}$时的条件概率密度函数为 $p_{X|\Theta}(x,t|\theta)$，根据概率相容条件为

$$\int_{-\infty}^{+\infty} p_{X|\Theta}(x,t|\theta) = 1 \tag{3.2}$$

由式（3.1）可知，在$\{\Theta=\theta\}$时，$X=A(\theta,t)$ 以概率 1 成立，其互斥事件 $X \neq H(\theta,t)$ 的概率为 0，即 $p[X=A(\theta,t)]=1$，$p[X \neq A(\theta,t)]=0$。因此，可以推导得出

$$p_{X|\Theta}(x,t|\theta) = \begin{cases} 0, x \neq A(\theta,t) \\ \infty, x = A(\theta,t) \end{cases} \tag{3.3}$$

式（3.2）和式（3.3）满足狄拉克函数定义，可综合表述为

$$p_{X|\Theta}(x,t|\theta) = \delta[x - A(\theta,t)] \tag{3.4}$$

式中：$\delta(\cdot)$ 为狄拉克函数，满足 $\delta(x)=0(x\neq 0)$，且 $\int_{-\infty}^{+\infty} \delta(x)\mathrm{d}x = 1$。

根据条件概率公式，可推导出 t 时刻状态向量 X 与随机参数向量 Θ 的联合概率密度函数为

$$p_{X\Theta}(x,\theta,t) = p_{X|\Theta}(x,t|\theta)p_\Theta(\theta) = \delta[x - A(\theta,t)]p_\Theta(\theta) \tag{3.5}$$

式中：$p_\Theta(\theta)$ 为 Θ 的联合概率密度函数。

则 $X(t)$ 的概率密度函数为 $p_{X\Theta}(x,\ \theta,\ t)$ 的边缘概率密度函数，即

$$p_X(x,t) = \int_{\Omega_\Theta} p_{X\Theta}(x,\theta,t)\mathrm{d}\theta \tag{3.6}$$

对式（3.5）两边关于时间 t 求导，运用复合函数求导法则可得

$$\begin{aligned} \frac{\partial p_{X\Theta}(x,\theta,t)}{\partial t} &= p_\Theta(\theta) \frac{\partial\{\delta[x - A(\theta,t)]\}}{\partial t} \\ &= p_\Theta(\theta) \left\{ \frac{\partial[\delta(y)]}{\partial y} \right\}_{y=x-H(\theta,t)} \frac{\partial[x - A(\theta,t)]}{\partial t} \\ &= -p_\Theta(\theta) \frac{\partial A(\theta,t)}{\partial t} \frac{\partial\{\delta[x - A(\theta,t)]\}}{\partial t} = -A(\theta,t) \frac{\partial p_{X\Theta}(x,\theta,t)}{\partial x} \end{aligned} \tag{3.7}$$

根据概率守恒原理，可以推导出广义概率密度演化方程为

$$\frac{\partial p_{X\Theta}(x,\theta,t)}{\partial t}+\sum_{i=1}^{n}A(\theta,t)\frac{\partial p_{X\Theta}(x,\theta,t)}{\partial x}=0 \tag{3.8}$$

广义概率密度演化方程建立了确定性系统与随机系统的内在联系，所揭示的物理规律是：在一般的动力系统演化过程中，其位移与源随机参数的联合概率密度函数分布关于时间的变化率与关于位移的变化率成比例，且比例系数由瞬时速度决定。因此可知，概率密度演化过程完全不是无规则运动，而是服从严格的物理规律。

当 $n=1$ 时，概率密度演化方程可表示为

$$\frac{\partial p_{X\Theta}(x,\theta,t)}{\partial t}+A(\theta,t)\frac{\partial p_{X\Theta}(x,\theta,t)}{\partial x}=0 \tag{3.9}$$

式（3.9）是一个一维偏微分方程，其初始条件为

$$p_{X\Theta}(x,\theta,t_0)=\delta(x-x_0)p_{\Theta}(\theta) \tag{3.10}$$

概率密度函数的边界条件为

$$p_{X\Theta}(x,\theta,t_0)\big|_{x\to\pm\infty}=0 \tag{3.11}$$

由数值差分法求解式（3.9）、式（3.10）和式（3.11）构成的偏微分方程初-边值问题，即可获得联合概率密度函数 $p_{X\Theta}(x,\theta,t)$，在此基础上利用全概率公式可获得状态向量 $X(t)$ 的概率密度函数为

$$p_X(x,t)=\int_{\Omega_\theta}p_{X\Theta}(x,\theta,t)\mathrm{d}\theta \tag{3.12}$$

式中：Ω_θ 为 Θ 的分布区域。

状态方程 $A(\cdot)$ 是解耦表达形式，可以获得其演化过程，能否获得显式表达式则是无关紧要的。基于耦合物理方程，广义概率密度演化方程建立了确定性系统与随机系统的内在联系，实现了对随机系统的统一处理。同时，广义概率密度演化方程不仅对线性系统适用，对非线性系统同样成立，且适用于求解任意物理量的概率密度演化过程。

3.3.2 综合利用水利工程的运行调度

综合利用水利工程的运行调度是根据规划设计批复的或防洪复核选定的水库工程设计标准和校核标准，以及水库下游防洪对象的核定防洪标准，结合各类挡（泄）水建筑物的实际情况，优化防洪体系的联合运行调度方式，在满足枢纽工程自身及上下游防护对象安全的前提下，通过控制水库泄流进行调蓄优化管理，争取枢纽工程综合经济效益的最大化。

综合利用水利工程防洪调度的遵循原则包括（但不限于）：①在确保水库主体工程运行安全的同时，最大限度地发挥水库防洪、蓄泄和调度功能，满足上、

下游防洪需求；②统筹协调水库防洪与兴利的关系，在根据防洪调度需求核算调蓄库容时考虑工程兴利要求，力争实现防洪库容与兴利库容最大限度地结合利用，提高综合利用水利工程的综合效益；③利用水文气象预报技术和人工智能网络技术等，合理核定调洪参数，并适时修正调蓄方式以最大限度地利用洪水资源，确保调洪规则和防洪调度尽量实现上、下游的区域防洪效益和兴利效益的最大化。

综合利用水利工程防洪调度的主要内容包括（但不限于）：①根据洪水频率分析和水库运行情况，不定期地复核防洪限制水位和最高洪水水位等防洪参数；②根据水库复核洪水标准和上下游防洪区域规划，复核修订防洪调度方式和控泄参数标准，在原规划设计或复核修正后的规划设计的防洪调度方案基础上，编制水库防洪调度方案；③结合实际年度水情预报、流域防洪要求和防洪工程措施现状，制订符合实际的年度防洪调度计划；④防洪调度方案和计划中应对超标准洪水的防御应急非常措施及工程使用条件等综合考虑分析，力争将洪灾损失最小化。

综合利用水利工程防洪调度是一个多层次、多属性、多阶段的多目标复杂决策过程。防洪调度不仅要兼顾防洪调蓄和兴利调度的关系，还需要统筹考虑水库安全运行与上、下游防洪要求的协调。防洪调度决策不仅要熟悉洪水的自然属性，如洪水产生原因、发展规律、洪峰洪量信息和有效的防治措施，还要掌握洪水的社会属性，如洪水对流域社会和生态环境的影响，洪水防治措施失效的严重后果等。洪水过程的水文不确定性、水力不确定性和调度决策的不确定性，加上人类认知的局限性和防洪系统的复杂性，使得有效预判洪水事件并采取最优防治措施显得更加困难，只能通过更加科学合理的预报分析和决策调度，以降低洪水风险的危害程度。对于水库工程，就需要在熟悉水库蓄泄水等调度运行过程的基础上决策实施高效的防洪调度措施。

因果反馈回路是系统动力学模型的基本逻辑架构。因果反馈图是由系统的构成要素及要素间的作用链组成，包含多个状态变量和速率变量，描述了状态变量和速率变量如何组成反馈回路并相互连接与作用形成一个系统。上游洪水的增加必然导致水库蓄水量增大和水位抬高，进而导致水库淹没面积和上游洪量增大；当水库上游洪量增加时，水库需加大下泄流量进行防洪调度，随着下泄流量的增多，水库蓄水量逐步减小，但水库下游洪量和淹没面积的增大，又会反作用于防洪调度减少水库下泄流量。这个过程可以看作是多个反馈回路相互作用的动力过程，用系统动力学的因果反馈如图3.3所示。

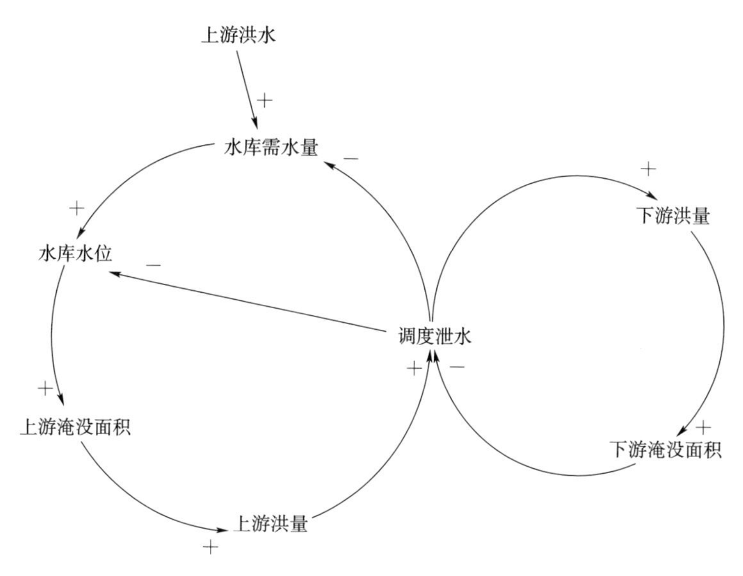

图 3.3　水库防洪调度运行过程因果反馈

3.3.3　综合利用水利工程运行调度的随机过程分析

假设 $W(h)$ 表示水位为 h 时的枢纽工程库容量，$H(t)$ 为 t 时刻的库水位，h_0 为初始库水位。传统的调洪计算原理如图 3.4 所示，其中 $Q_i(t)$ 和 $Q_s(t)$ 分别为天然洪水入库流量过程线和出库泄洪流量过程线，水库蓄量平衡关系可表示为

$$\frac{\mathrm{d}W(h)}{\mathrm{d}t}=Q_r(t)-Q_s(t) \tag{3.13}$$

式中：$Q_r(t)$ 为第 t 时段的入库洪水流量；$Q_s(t)$ 为 t 时段的出库泄洪流量，包括 t 时段的发电流量 $Q_e(t)$、t 时段的供水流量 $Q_w(t)$ 和 t 时段的弃水及其他水量损失 $Q_k(t)$（从溢洪道或其他渠道/途径引走，不经过水轮机）。

令 $G(h)=\mathrm{d}w/\mathrm{d}h$，表示库容与水位（水深）之间的导数关系，式 (3.13) 可转化为

$$\frac{\mathrm{d}H(t)}{\mathrm{d}t}=\frac{Q_r(t)-Q_s(t)}{G(h)} \tag{3.14}$$

式 (3.14) 未考虑调洪随机过程中各类不确定因素的影响，计算求解的只是水库水位的确定性函数 $H(t)$。

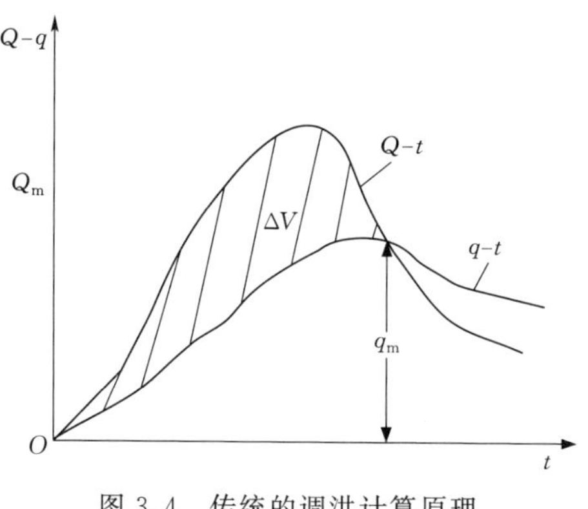

图 3.4　传统的调洪计算原理

由于入库洪水过程的不确定性、

出库泄洪水力条件的不确定性、水位库容关系的不确定性和防洪起调限制水位的不确定性等，导致了不同时刻水库蓄洪量 $W(t)$ 的不确定和水库水位 $H(t)$ 的随机性，使得水库防洪调度过程同样具有随机性。从式（3.14）可以看出，影响水库水位变化过程的随机源主要是入库洪水流量 $Q_r(t)$、出库泄洪流量 $Q_s(t)$ 和库容水位关系 $W(h)$。

3.3.3.1 入库洪水流量的随机性

由于降雨时空分布的不确定性，加上地形地貌特征、降雨下垫面情况和流域集雨面积等诸多因素不确定性的影响，使得无法观测和得知准确的洪峰大小、洪量大小和洪水历时长短等洪水信息，这就决定了水库上游的洪水过程、洪峰流量和入库洪水流量的不确定性。

在利用水文模型进行产汇流模拟计算时，洪水预报成果和水文资料搜集分析必然会与实际洪水规律存在偏差，加上水文模型参数和结构的不确定，使得对入库洪水流量的模拟验算过程具有不确定性。河道来水、水文资料和设计洪水过程线推求方法的不确定性，决定了入库洪水流量是一个连续的随机过程。这些随机性因素的影响综合作用，必然导致随机过程围绕其均值过程线浮动，因此可以假定 t 时刻的入库洪水流量 $Q_r(t)$ 的概率密度服从正态分布，即 t 时刻的实际入库洪水流量大于或小于设计流量的概率相等。因此，入库洪水流量特征结果在时间和空间上具有较大的随机性。

3.3.3.2 出库泄洪流量的随机性

在根据水力学公式计算过流能力的基础上设计水库泄洪建筑物规模，其理论过流能力和实际过流能力必然存在偏差，其原因包括：

（1）流动运行条件的不确定性。水库水位受入库洪水与泄洪调度的影响具有一定的随机性，理论上的水力学公式不可能完全准确地描述实际过流的真实情况，且公式的应用边界条件和实际边界条件会有出入。

（2）参数模型的不确定性。经验水力学公式中变量和参数的选取存在不确定性，例如由模型实验确定的流量系数是与各种水头损失相联系的，而建筑物实体与试验模型会缩尺影响产生一定的误差，流量参数测算与经验公式拟合所引起的泄流参数不确定性。

（3）结构材料的不确定性。泄洪建筑物的施工材料选择未必完全符合设计要求，在一定程度上导致泄洪建筑物过流面积、表面糙度、湿周和底坡等水力参数与设计值不符，影响实际过流能力。

在泄洪建筑物规模确定的情况下，受水库水位的不确定性、流动运行条件的不确定性、结构材料不确定性和模型不确定性等的影响，出库泄洪流量也表现为一个随机过程。

3.3.3.3 库容水位关系的随机性

库容水位关系是在现场量测和拟合计算的基础上得到，量测绘图误差和拟合模型的不确定性，加上水库运行多年后的泥沙淤积、蓄清排浑、库岸崩塌和库盆变化等将改变水库库容和水面面积，必然导致库容水位关系 $W(h)$ 的不确定性，这也是一个随机过程。鉴于库容和水面面积的动态变化使得资料获取和分析难度较大，通常视库容水位关系 $W(h)$ 的均值线与原设计给定的 $w \sim h$ 曲线大体一致，即 $W(h)$ 的概率密度服从正态分布。

从以上分析可知，入库洪水流量 $Q_r(t)$、出库泄洪流量 $Q_s(t)$ 和库容水位关系 $W(h)$ 等随机因素的综合作用，使得综合利用水利工程 PPP 项目的运行调度过程中水库蓄水量 $W(t)$ 和水库水位 $H(t)$ 必然是一个随机过程。

3.3.3.4 调洪过程的随机性分析

对于任意时刻的水库蓄水量 $W(t_n)$，在其过去的所有观测值 $W(t_{n-1})$、$W(t_{n-2})$、…、$W(t_1)$ 已知的情况下，其条件概率只与最近的观测值有关，而不依赖于更早的观测值，即

$$f(W_n, t_n \mid W_{n-1}, W_{n-2}, \cdots, W_1; t_{n-1}, t_{n-1}, \cdots, t_1) = f(W_n, t_n \mid W_{n-1}, t_{n-1}) \tag{3.15}$$

式中：$f(W_n, t_n \mid W_{n-1}, t_{n-1})$为条件转移密度函数。

因此，$W(t)$ 的变化过程是 Markov 过程，同时，$W(t)$的随机过程是一个状态连续的平稳独立增量过程，即任意时间段 Δt 的水库蓄水增量 $\Delta W(t)$ 是相互独立的。

诸多输入因素的随机性综合作用，使得水库蓄水量 $W(t)$ 以较大概率围绕其均值 $\mu_{W(t)}$ 随机波动，其概率密度函数服从正态分布，即

$$f(W, t) = \frac{1}{\sqrt{2\pi\sigma^2 t}} \exp\left[-\frac{(W - \mu_{W(t)})^2}{2\sigma^2 t}\right] \tag{3.16}$$

其中

$$\mu_{W(t)} = \int_{t_0}^{t} [\mu_{Q(t)} - \mu_{q(h,c)}] \mathrm{d}t$$

因此，水库蓄水量 $W(t)$ 是符合 Wiener 过程定义条件的：起始点位于原点，在不同的时间间隔中 W 的随机变化是独立的；在一定的时间间隔内，W 围绕其均值 $\mu_{W(t)}$ 作随机游走，其概率密度服从正态分布。

在扣除 $W(t)$ 的均值偏移 μ_t 后，就存在一个无偏的 Wiener 过程 $B(t)$，其均值 $E[B(t)]=0$，方差 $D[B(t)]=\sigma^2 t$，即

$$f(B) = \frac{1}{\sqrt{2\pi t}\,\sigma} \exp\left[-\frac{B^2}{2\sigma^2 t}\right] \tag{3.17}$$

式中：σ^2 为常数，称为过程强度，取决于 $W(t)$ 的离散程度，即取决于入库流量、出库流量和库容自身的变异性。

由此可得

$$W(t)=\int_{t_0}^{t}[\overline{Q_r(t)}-\overline{q(h,c)}]\mathrm{d}t+B(t) \tag{3.18}$$

式（3.18）中$\overline{Q_r(t)}$、$\overline{q(h,c)}$分别为入库流量$Q_r(t)$和出库流量$q(h,c)$的均值，求导可得

$$\frac{\mathrm{d}W(t)}{\mathrm{d}t}=\overline{Q_r(t)}-\overline{q(h,c)}+\frac{\mathrm{d}B(t)}{\mathrm{d}t} \tag{3.19}$$

式（3.19）两边同时除以$G(h)$，可得

$$G(h)=\frac{\mathrm{d}W(t)}{\mathrm{d}h(t)}$$

$$\frac{\mathrm{d}H(t)}{\mathrm{d}t}=\frac{\overline{Q_r(t)}-\overline{q(h,c)}}{G(h)}+\frac{\mathrm{d}B(t)/\mathrm{d}t}{G(h)} \tag{3.20}$$

其中，$\mathrm{d}B(t)/\mathrm{d}t$是一正态白噪声。

式（3.20）可简化为

$$\begin{cases}\mathrm{d}H(t)=\varphi[t,H(t)]\mathrm{d}t+g[t,H(t)]\mathrm{d}B(t)\\ H(t_0)=H_0\end{cases} \tag{3.21}$$

式（3.21）是一个带有随机初始条件和随机输入项的典型的Ito方程，其解过程是一个Markov过程。

3.3.4 基于概率密度演化的运行调度随机分析

综合利用水利工程入库流量的随机性和出库流量的随机性，使得精确分析运行调度过程显得十分困难。本书将入库流量的随机性和出库流量的随机性类似地当作结构动态分析中的激励参数和结构参数的随机性，基于概率密度演化与物理系统演化所包含的内在联系，从反映系统状态的概率密度及其演化过程的角度出发，运用概率密度演化方法对综合利用水利工程的运行调度随机过程进行研究。

在考虑蓄水影响因素的随机性基础上，构建带有随机性的综合利用水利工程运行调度过程状态方程可表示为

$$W(t)=A(w,\theta,t) \tag{3.22}$$

其中，$\theta=(\theta_{W_i(t)},\theta_{W_e(t)},\theta_{W_w(t)})$，$\theta_{W_i(t)}$、$\theta_{W_e(t)}$和$\theta_{W_w(t)}$分别表示反映入库水量、发电水量和供水水量的参数。

根据广义概率密度演化方法的理论，参照式（3.9）可以得到对应的(W,θ)的广义概率密度演化方程为

$$\frac{\partial p_{W\Theta}(w,\theta,t)}{\partial t}+\dot{A}(\theta,t)\frac{\partial p_{W\Theta}(w,\theta,t)}{\partial w}=0 \tag{3.23}$$

式中：$p_{W\Theta}(w,\theta,t)$为 t 时刻水库蓄水量 W 与随机参数向量 θ 的联合概率密度函数。

从式（3.23）中可以看出（W，θ）的广义概率密度演化方程揭示的物理意义：水库蓄水量和随机参数的联合概率密度函数关于时间的变化率与其关于蓄水量的变化率成比例，且该比例系数是由蓄水量的瞬时变化率 $\dot{A}(\theta,t)$所决定的。

构建综合利用水利工程运行调度过程的概率密度演化方程，其目的是分析水库蓄水量的概率密度及其演化规律，$p_W(w,t)$即为求解目标，且 $p_W(w,t)=\int_{\Omega_\Theta} p_{W\Theta}(w,\theta,t)\mathrm{d}\theta$，其中 $p_{W\Theta}(w,\theta,t)$是通过求解式（3.23）所得的。

借鉴广义概率密度演化方程的数值求解方法，得出综合利用水利工程运行调度广义概率密度演化方程的求解步骤如下：

（1）输入初始资料。初始资料主要包括入库流量资料、供水流量资料、发电流量资料、原库蓄水量资料和现库蓄水量资料等。

（2）选取离散代表点。采用数论选点法在 Ω_Θ 空间内选取离散代表点 $\theta_j=(\theta_{1,j},\theta_{2,j},\cdots,\theta_{m,j})$，其中 m 为代表点集数目，根据随机参数的分布规律求得对应代表点的赋得概率 p_θ。

（3）对初始资料和选取的随机参数离散点进行确定性分析获得蓄水量的变化极值 $A(\theta,t)$和变化速率 $\dot{A}(\theta,t)$。

（4）求解广义概率密度演化方程。将步骤（3）中求得的 $\dot{A}(\theta,t)$代入式（3.23），利用有限差分法对雅克比式进行数值求解，得到概率密度方程的数值解答 $p_{W\Theta}(w,\theta_j,t)$。

（5）累计求和。将所求得的 $p_{W\Theta}(w,\theta_j,t)$累计求和以获得 $p_W(w,t)$的数值解为

$$p_W(w,t)=\sum_{j=1}^{m} p_{W\Theta}(w,\theta_j,t) \tag{3.24}$$

通过建立综合利用水利工程蓄水量分布的概率密度函数曲线，根据该曲线随时间的演化规律，分析运行调度的随机过程。根据综合利用水利工程运行调度的水量平衡关系式（原库蓄水量＋入库水量－发电水量－供水水量＝现库蓄水量），构建发电水量的状态方程为

$$W_e(t)=W_i(t)+W_o-W_w(t)-W_n \tag{3.25}$$

式中：$W_e(t)$ 为时段 t 的发电水量；$W_i(t)$ 为时段 t 的入库水量；W_o 为原库蓄水量；$W_w(t)$ 为时段 t 的供水水量；W_n 为现库蓄水量。

考虑到入库水量、供水水量和蓄水量的随机性影响，枢纽工程的发电水量相应地具有随机性特征。根据某综合利用水利工程的入库流量资料，通过蒙

特卡洛方法生成样本长度为1000的模拟数据，分析得出入库流量服从皮尔逊Ⅲ型分布，其形状、尺度和位置参数分别为：$\alpha=16.0128$，$\beta=0.0539$，$\mu=-815.3685$；根据供水流量资料，通过蒙特卡洛方法生成样本长度为1000的模拟数据，分析得出供水流量服从对数正态分布，其均值和标准差参数分别为：$\mu=2.59799$，$\sigma=0.010282$。结合上述分析的综合利用水利工程运行调度概率密度演化过程，推演得出发电流量的随机概率密度分布如图3.5所示。

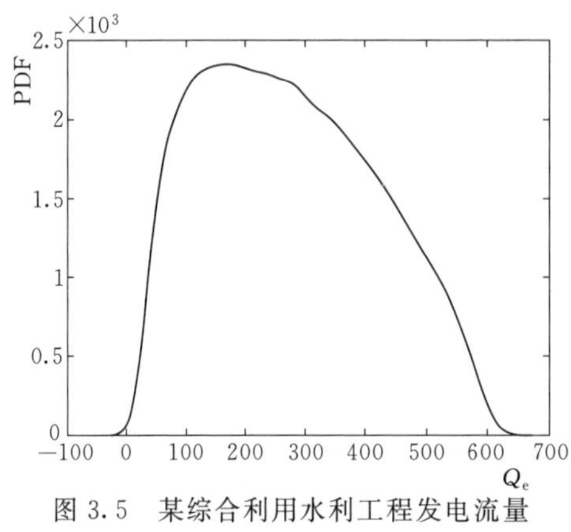

图3.5　某综合利用水利工程发电流量的概率密度分布

3.4　本章小结

本章研究了综合利用水利工程的基本属性、投资特征、资产结构特征、效益特征和风险特征，并基于广义概率密度演化方程分析了综合利用水利工程的运行调度随机过程。

（1）在介绍洪水资源化管理基础上总结了综合利用水利工程的基本属性，分析了综合利用水利工程的基础性、公益性和竞争性等混合型投资特征，剖析了综合利用水利工程的公益性可分资产、经营性资产和公用资产等资产结构特征，梳理了综合利用水利工程的防洪效益、发电效益、供水效益和其他效益及效益相关关系，研究了综合利用水利工程的建设风险和运营风险等风险特征。

（2）研究了能够建立确定性系统与随机系统内在联系的广义概率密度演化方程，分析了综合利用水利工程运行调度参数的随机性，构建了运行调度的广义概率密度演化方程，通过数值求解分析了综合利用水利工程的运行调度随机过程。

第 4 章 综合利用水利工程 PPP 项目的“BOOT+BTO”运作模式

本章在第 2 章水利工程 PPP 项目及其实践情况和第 3 章综合利用水利工程及其运行调度随机分析基础上，研究综合利用水利工程采用 PPP 运作模式的优势，总结综合利用水利工程 PPP 项目的实践情况及存在的问题，分析综合利用水利工程 PPP 项目采用 BOT 运作模式存在的不足，构建综合利用水利工程 PPP 项目的“BOOT+BTO”运作模式。

4.1 综合利用水利工程 PPP 项目

4.1.1 综合利用水利工程采用 PPP 模式的优势分析

综合利用水利工程具有兴利除害等巨大效益的同时，其工程建设与运行的风险也是巨大的：一是工程建设的规模和投资巨大，工程建设周期长，工程技术问题和水文、地质条件复杂，工程建设淹没引起的移民搬迁安置数量大且社会问题复杂，工程的环境生态影响大；二是工程效益受水文、气象等自然条件的变化影响大；三是工程的公益性为主属性，决定了工程调度运行必须服从经济社会发展的重大战略和水安全需求，在流域遭遇超标准洪水时的防洪应急调度、下游受水区遭遇特殊旱情需要应急城镇供水、灌溉供水、水生态补水时，工程运行的经济效益必须无条件服从应急调度大局；四是工程安全是工程首要问题，直接关系到下游广大地区的经济社会安全和人民生命财产安全。因此，长期以来，综合利用水利工程的投资建设和运行管理主要由政府负责。

PPP 模式通过政府部门和社会资本的机制转换、制度创新和资源配置效益提升，逐步形成了“伙伴关系、利益共享和风险分担”的创新性管理机制，针对综合利用水利工程的准公益性和复杂特性，基于缓解政府当前财政压力的考虑，可以尝试在综合利用水利工程建设运营过程中引入 PPP 模式，结合项目实际情况和预期效益设计合理有效的 PPP 运作方式，吸引社会资本参与综合利用水利工程的建设运营管理，以期实现优化投融资体制、降低政府资金压力、提高项目建设运管水平、满足流域防洪抗旱工作要求和保障社会资本投资收益的多重目标，使得 PPP 模式在综合利用水利工程中得推广应用形成独特优势。

1. 提高政府和社会资本的资金使用效率

以往的综合利用水利工程主要由政府财政拨款的方式进行投资建设，这些资金主要来源于政府税收和国债，还经常因财政资金短缺使项目建设拖延，不能满足项目建设的长期需求。综合利用水利工程 PPP 模式能够利用社会资本手中的闲置资金和高效融资渠道：一方面有效填补政府枢纽工程建设的资金缺口，减轻政府财政压力，政府可以将有限的资金用于其他公共基础设施建设或公共服务事业中；另一方面拓宽社会资本的投资渠道，提高社会资本的资金使用效率，促进水利工程建设融资平台的建设。

2. 促进政府和社会资本的优势互补

政府可以通过政策制定、信用担保、税收优惠等方式为综合利用水利工程 PPP 项目营造良好的建设运营环境。社会资本可以充分发挥其商业融资能力、建设管理技术优势、运营维护管理优势和市场预判调度能力等，避开政府部门烦琐的审批操作流程和官僚机制限制，提高枢纽工程建设运营质量和项目运转灵活性，在实现枢纽工程公益性防护目标的同时获得良好的预期经济收益。

3. 实现政府和社会资本的合理分工

综合利用水利工程采用 PPP 模式，能够促进政府部门职能转变，由原来的项目建设者和运营者转变为项目发起者、参与者和监督者，把更多的精力投入到 PPP 项目的建设策划和统筹管理，充分发挥政府的投资引导、市场监督职能。社会资本专注于枢纽工程的投资决策、项目建设和运营管理职能，发挥其融资、技术、建管和运维优势，确保项目的建设质量和运维服务效率。

4. 优化政府和社会资本的风险共担

综合利用水利工程的项目投资大、建设周期长、参与者众多、建管风险复杂，PPP 项目模式能够为政府和社会资本搭建风险与责任共担的合作平台，双方遵循“风险应该分配给对其最有影响力和控制能力的一方，或者是对其最有承受能力和成本最小的一方”的风险分担原则，通过合理的风险分担和适当的激励措施，努力实现风险损失最小化，以实现真正的物有所值。

4.1.2 综合利用水利工程 PPP 项目的实践情况

借助于国家大力推广 PPP 项目的大背景，水利部稳步推进水利行业投融资机制改革，鼓励引导社会资本参与，推动建立健全水利投入多渠道筹措机制，加强《政府和社会资本合作建设重大水利工程操作指南》等政策制度和地方重大水利工程 PPP 项目成功经验的宣传力度，激励地方水利部门积极引导社会资本参与重大水利工程建设运营工作。截至 2018 年年底，国家开发银行、中国农业发展银行和中国农业银行三家银行对水利工程贷款余额 7400 多亿元，累计投放重大水利工程贷款超过 2300 亿元，国家开发银行新增承诺 5 亿元用于支持贵州省六盘水市农村集中供水 PPP 项目。根据全国 PPP 综合信息平台项目管理库统计，截至 2022 年 5 月，全国 PPP 项目管理库中水利建设 PPP 项目共有 443 个，项目投资额达 3931 亿元；已进入执行阶段的水利建设 PPP 项目共计 372 个，占比达 83.97%。在国家层面试点的湖南莽山水库、广东韩江高陂水利枢纽、重庆观景口水利枢纽、黑龙江奋斗水库、贵州马岭水利枢纽、新疆大石峡水利枢纽等多个试点项目 PPP 方案已经落地实施，试点工作取得了明显进展和成效，项目基本情况见表 4.1。其中，重庆观景口水利枢纽工程通过要约谈判方式，采用 BOT 运作模式吸引社会资本 4.00 亿元，约占工程总投资的 10.34%；黑龙江奋斗水库及供水工程采用“BOT＋BT”运作模式，吸引社会资本 3.62 亿元，约占工程总投资的 17.11%；贵州马岭水利枢纽工程采用 BOT 运作模式，吸引社会资本 4.28 亿元，约占工程总投资的 16.05%，已经于 2019 年 5 月正式下闸蓄水，进入 PPP 项目的特许经营阶段。

湖南省宜章县莽山水库是社会资本参与国家重大水利工程建设运营的第一批试点项目，水库是一座以防洪、灌溉为主，兼顾城镇供水与发电等的综合利用水利工程。该项目是最早一批采用 PPP 模式建设经营的湖南省发展改革委推介项目，先后经历 4 次项目法人招标失败后，第 5 次采取“投入封顶”和“收益兜底”的形式引入社会投资 4.20 亿元，约占项目可研批复总投资的 22.18%。在服从防汛抗旱统一调度的前提下，根据地方政府的统一开发规划，项目公司对莽山水库枢纽及灌区骨干工程进行投资、融资和建设，并在特许经营期内享有库区、坝区运营管理及农业、旅游等资源的有限开发经营权。在国家 PPP 相关政策逐渐规范后，结合项目实际情况对项目 PPP 模式进行了调整和完善，明确社会资本的收益回报由发电、供水和灌溉三方面组成，预期收益 5000 万元，不足部分由政府财政弥补，风险共担。湖南省莽山水库工程 PPP 项目经过 4 年的建设已于 2019 年 3 月下闸蓄水，并于 2019 年 5 月坝后电站首台水轮发电机组并网试运行，进入 PPP 项目特许经营阶段。同时，宜章县政府分步实施田间渠道工程建设，积极推进骨干支渠和小支渠的建设，并采用 BOT 模式实施了城乡供水一体化项目建设，确保莽山枢纽工程 PPP 项目的年度供水收益和灌溉收益的实现，从而为 PPP 项目的良性运行增添重要砝码。

表 4.1　　社会资本参与重大水利枢纽工程建设运营的第一批试点项目情况

序号	项目名称	建设地点	项目规模	项目实施机构	社会资本	合作方式	项目投资/亿元		社会资本投资比例/%	回报方式	特许经营期
							总投资	社会资本投资			
1	湖南省莽山水库工程	湖南宜章县	大（2）型水库枢纽，总库容1.33亿m^3，装机容量1.8万kW	宜章县人民政府	广东省水电二局股份有限公司牵头，郴州市坤之源矿业有限公司、深圳市金群园林实业发展有限公司组成联合体	BOT+BT	18.94	4.20	22.18	使用者付费和可行性缺口补助。水库工程：发电、供水及旅游等收益；灌区工程：政府分3年按4∶3∶3的比例偿还	44年（含4年建设期）
2	广东省韩江高陂水利枢纽工程	广东梅州市	大（2）型枢纽工程，总库容3.66亿m^3，装机1000万kW	韩江高陂水利枢纽工程建设管理处	广东省水电二局股份有限公司	BOT	59.19	19.56	33.05	使用者付费和可行性缺口补助	35年（不含建设期）
3	重庆市观景口水利枢纽工程	重庆市	大（2）型水库，总库容1.52亿m^3	重庆市发展改革委、市财政局、市水利局	重庆市水利投资集团	BOT	38.68	4.00	10.34	使用者付费和可行性缺口补助，主要为售水收入	40年（不含建设期）

续表

序号	项目名称	建设地点	项目规模	项目实施机构	社会资本	合作方式	项目投资/亿元		社会资本投资比例/%	回报方式	特许经营期
							总投资	社会资本投资			
4	黑龙江省奋斗水库及供水工程	黑龙江穆棱市	大（2）型水库，总库容1.91亿m^3，装机40万kW	穆棱市水库建设管理处	新疆国统管道股份有限公司、上海巴安水务股份有限公司、广东省水利水电建设有限公司组成联合体	BOT+BT	21.15	3.62	17.11	使用者付费和可行性缺口补助。当实际供水价格达不到合同价格时，财政补足差额部分；反之，政府与特许经营者分享超额收益	28年（不含建设期）
5	贵州省马岭水利枢纽工程	贵州兴义市	大（2）型水库，总库容1.28亿m^3，装机3.6万kW	贵州省水利投资（集团）有限责任公司	中电建贵阳勘测设计研究院有限公司牵头中国水电十四局有限公司、中国铁建大桥工程局集团有限公司组成联合体	BOT	26.66	4.28	16.05	使用者付费和可行性缺口补助。收益主要有供水、发电收入以及地方政府承诺的相关补贴、提供的有关配套政策等	30年（不含建设期）
6	新疆大石峡水利枢纽工程	新疆阿克苏地区	大（1）型水库，总库容11.7亿m^3，装机75万kW	新疆维吾尔自治区塔里木河流域管理局	中国葛洲坝集团股份有限公司牵头，深圳浩泽基础建设投资合伙企业、中国葛洲坝集团第三工程有限公司等组成联合体	BOT	50.60	19.29	38.12	项目运营收入为发电收入，包括水力发电销售收入、上网电量风险补贴和上网电价风险补贴	48.5年（含建设期8.5年）

广东韩江高陂水利枢纽通过公开招标方式，由韩江高陂水利枢纽工程建设管理处作为政府代表进行公开招标，授权社会资本方广东省水电二局股份有限公司组建成立的项目公司特许经营权，负责枢纽工程省级及以上财政投资不足部分建设资金的投融资、施工总承包建设及特许经营期内的运营和维护。该综合利用水利工程采用BOT模式吸引社会资本19.56亿元，约占工程总投资的33.05%。项目回报机制为“使用者付费+可行性缺口补贴”，使用者付费包括发电收入，可行性缺口补贴为政府承担部分直接付费责任，采用“可用性付费+绩效付费”机制。为保障社会资本合理利润（企业资本金财务内部收益率6.5%），在特许经营期广东省财政每年安排可行性缺口补助5478万元，财政补贴金额由广东省政府或授权的有关部门每3年对项目运营情况进行一次中期评估，根据评估数据由政府和社会资本约定调整时间和调整额度。政府从过去单纯“补建设”到“补建设加补运营”，有效保证了社会资本的合理收益率，使社会资本能够得到长期的补贴，有利于保障准公益性大型水利枢纽的长期良性运营。同时，运营期取得超出预期的利润率，则由工程项目法人与项目公司商定合理的利润分成比例进行收益分配，从而确保了社会资本的运营和分配公平。广东韩江高陂水利枢纽工程PPP项目从2015年年底开始动工，2021年初正式下闸蓄水，2021年6月首台机组并网发电，截至2022年5月已累计发电1.2亿kW。

新疆大石峡水利枢纽工程由政府通过竞争性谈判引入中国葛洲坝集团联合体，共同成立项目公司负责项目投资、建设和运营，并在特许经营期满时将项目无偿移交给政府。该综合利用水利工程采用BOT模式吸引社会资本19.29亿元，约占工程总投资的38.12%。项目公司在合同约定的特许经营范围内享有固定资产的占有权、使用权和收益权，但不享有处分权。该项目的主要运营收入为发电收入，包括水力发电销售收入、上网电量风险补贴和上网电价风险补贴。政府协调电网公司尽最大限度保障大石峡工程在满足公益性功能（生态供水、灌溉、防洪）的前提下将所发电量进行并网销售，并设置了项目的上网电量风险补贴机制和超额收益分享机制。

4.1.3 综合利用水利工程PPP项目实践中存在的问题

PPP项目模式在综合利用水利工程的推广应用已经获得了一定程度的实践成果，但是通过调研分析发现目前的综合利用水利工程PPP项目实践中存在社会资本参与程度低、物有所值评价不到位、运作模式存在不足、建管机制不完善、风险分担过于简单和收益损失风险较大等问题。

1. 综合利用水利工程PPP项目的社会资本参与程度低

综合利用水利工程具有较强的准公益性，大多是承担防洪、排涝、灌溉、调蓄、防凌、供水和调水调沙等准公益性任务的工程项目，建设投资大且财务盈利较低，加上项目实施框架的限制，导致社会资本的参与积极性不足，多数参与综合利用水利工程 PPP 项目中的社会资本为国有企业。在实施过程中强调政府的主导作用，PPP 模式被简单地理解为政府的融资工具，不仅增大政府的财政风险，而且使社会资本的项目运营和市场运作能力被削弱。同时，由于历史惯性思维，综合利用水利工程建设更倾向于申请和使用财政资金，忽视水电项目的经营性，地方政府部门实施综合利用水利工程 PPP 项目时，存在着各种形式的机会主义行为，多数是以填补公共财政预算缺口为主要目的 PPP 模式 1.0 阶段，以及以全面提升公共治理能力并提高公共产品供给效率为目的 PPP 模式 2.0 阶段，政府部门将过多的风险转嫁给社会资本承担。

2. 综合利用水利工程 PPP 项目的物有所值评价不到位

由于盈利分析深度不够，回报机制和付费机制关联不紧密，相关激励机制不健全，对社会资本的吸引力不够，导致大多数都涉及政府付费（包括政府可用性付费和可行性缺口补助等）；加上项目投资规模大且所需资本金较多，在 PPP 项目“盈利但非暴利”的原则下，资本金设置规则不清晰容易导致政府付费规模偏大，或降低社会资本投资积极性，或导致中途变更增加交易成本。如贵州马岭水利枢纽工程右岸水厂进口断面城乡供水单位总成本约为 0.92 元/m^3，政府承诺工程运行后供水原水价不低于 1.80 元/m^3，达不到时每年政府财政补贴 1000 万元，有可能可以够弥补社会资本的投资成本，但从长远发展来看，会增加政府的水价调整压力和财政补贴压力，不利于项目的良性运营和持续性发展。

3. 综合利用水利工程 PPP 项目的运作模式存在不足

目前的综合利用水利工程 PPP 项目普遍采用 BOT 运作模式，社会资本主要通过特许经营期的发电收益和供水收益回收投资并获得合理利润，但是 BOT 模式下项目建成后的初期运营阶段，社会资本除了要筹措资金维持项目运营外，还要偿还建设期的投融资贷款和利息，而且发电收益和供水收益的获得有一定的时间滞后，导致 PPP 项目公司的前期运营维护资金压力较大。同时，PPP 项目的实体物理界面和功能界面难以区别，资产结构中的公益性资产、经营性资产和公用资产等也难以区分，造成政府和社会资本的责权利关系界定模糊，风险损失计算方式单一，进而导致风险损失的补偿分配缺乏责任依据而过于笼统。

4. 综合利用水利工程 PPP 项目的建管机制不完善

政府部门越俎代庖过多干预项目实施过程，社会资本无法获得充分的建设管理自主权，不能实现真正的“专业的人干专业的事”，政府和社会资本之间的信息共享、地位均衡、合作道德自律、资源优势互补和风险公平承担等实现程度较低，相关优惠政策难以与 PPP 项目有效对接，导致综合利用水利工程 PPP 项目实践中难以操作和利用到位。政府和社会资本联合成立的 PPP 项目公司面临着实际权力范围界线模糊、项目管理成熟度水平较低等问题，形成了“重融资、轻运营，重建设、轻管理”的不良现象，扭曲了PPP管理模式，容易造成设施投入使用后不能发挥最大效用，浪费投入的建设资金并会加大后期运营维护成本。

5. 综合利用水利工程PPP项目的风险分担过于简单

通过对目前实施的综合利用水利工程PPP项目的合同分析，风险分配约定主要有：非商业性政治风险、公共政策风险和征地拆迁风险等由政府承担，而项目的融资、建设和运营风险等均由社会资本承担。总体上看，这些合同在风险约定方面过于简单：

一种情况是有些项目上社会资本承担的风险太大，而且大大超出了其风险防控与承受的能力，出现两种项目潜在风险：一是项目不能吸引优质社会资本；二是部分项目的社会资本有短期寻求资本出路的机会倾向，在提高项目运营管理水平和风险防控能力等方面持消极态度，政府面临项目社会服务质量不能保证和项目收益风险转移不出去的风险，可能成为最终的“接单者”。

另一种情况是有些项目上政府承担了太多的收益损失风险，项目在特许运营期的收益损失将转变成政府的财政负担，未能形成社会资本提升项目运营管理水平和风险防控能力的约束机制，造成公共资源配置的不公平。

6. 综合利用水利工程PPP项目的收益损失风险大

由于综合利用水利工程建设投资大、项目周期长、技术要求高和地质条件不确定性强，以及水文气象等极端自然条件引起的超标准洪水防洪调度、异常干旱应急调度和丰水年灌溉需水量减少等不确定事件的影响，加上政府重大公共活动（如调水调沙、下游滩区开发和导截流工程等）造成枢纽工程运行调度规则调整的影响，导致综合利用水利工程PPP项目特许经营期的收益损失影响因素众多且复杂，收益损失风险巨大。

4.2 综合利用水利工程PPP项目的BOT运作模式

目前，我国大多数综合利用水利工程整体采用BOT模式，即政府通过公开招标（或竞争性磋商）方式选择满足项目投融资和建管运维要求的社会资本，由社会资本（或与政府）组建项目公司负责项目的融资管理、建设管理和特许经营期运维管理。项目公司通过发电收益、供水收益、灌溉收益和航运收益等直接回收资金并获得约定的合理利润，当发生合同约定的水电使用量低于预期或水电价格调整不到位等导致社会资本收益低于预期时，政府和社会资本按照合同约定方式分担风险。而对于防洪、防凌、减淤、调水调沙和水源保护等公益性运营维护，采用政府付费方式支付项目公司的运营维护成本及相应的合理利润。综合利用水利工程 PPP 项目的 BOT 运作模式如图 4.1 所示。

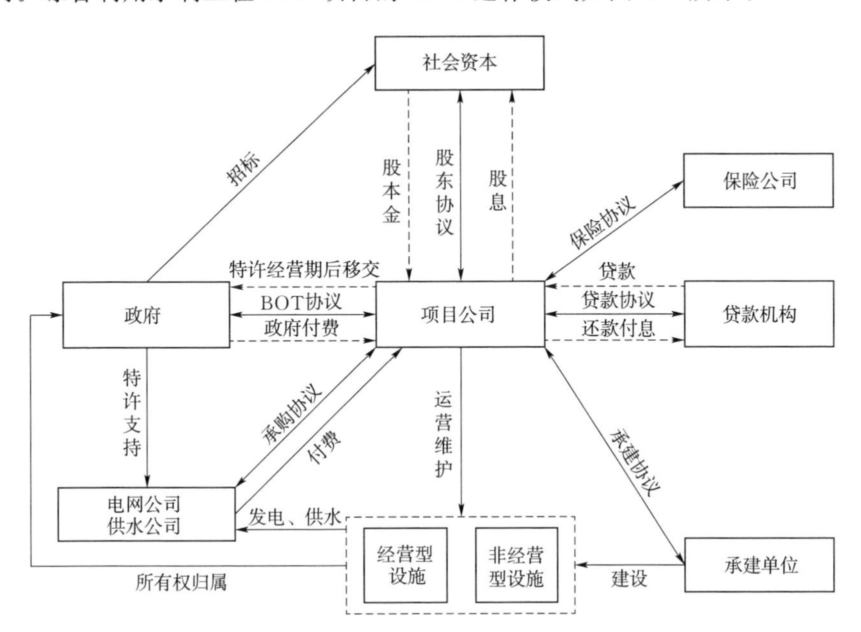

图 4.1 综合利用水利工程的 PPP 项目 BOT 运作模式

综合利用水利工程 PPP 项目采用 BOT 运作模式，一方面，能够发挥市场机制作用，政府以招标方式确定项目公司的做法本身包含了竞争机制，作为项目实施主体的 PPP 项目公司，通过在特许经营期内对所建项目的运营维护权以获得自己的投资收益，其行为完全符合经济人假设；另一方面，为政府干预提供了有效的途径，在 BOT 协议的实施过程中政府始终拥有对项目的控制权，对项目的功能特征、产品属性和服务受众等拥有绝对的决定权，具有监督检查项目建设和运维过程的权利，产品（或服务）的价格制定和调整也要受到政府的约束。

通过对目前综合利用水利工程普遍采用的 BOT 运作模式的实践调研和经验总结，发现综合利用水利工程 PPP 项目的 BOT 运作模式存在以下不足：

（1）综合利用水利工程 PPP 项目的社会资本，主要通过特许经营期的发电收益和供水收益回收投资并获得合理利润，采用 BOT 运作模式时，项目建成后的初期运营阶段枢纽工程不能完全发挥发电效益和供水效益，社会资本除了要筹措资金维持项目运营外，还要偿还建设期的投融资贷款和利息，加上发电收益和供水收益的获得具有相对的时间滞后性，导致 PPP 项目公司的前期运营维护资金压力较大，进而影响城镇生活供水、农业灌溉供水和发电等服务质量保证，也会影响防洪、排涝和抗旱等公益性应急调度功能的有效发挥。

（2）综合利用水利工程 PPP 项目采用 BOT 运作模式时，政府和社会资本之间的风险分担谈判过程较为复杂，且难以实现公私双方的公平分担，容易造成单方承担过多的风险责任，导致社会资本的短期寻求资本出路的机会主义行为，或政府财政负担加大造成公共资源配置的不公平。

（3）综合利用水利工程PPP项目采用BOT运作模式时，枢纽工程的经营性专用设施、公益性专用设施和公用设施的运营维护区分界面比较模糊，不利于政府和社会资本之间的权利责任分配，特别是发生公共应急调度造成收益损失、运行成本增加和公用设施大修等需要公私双方共担风险时，容易产生风险责任分摊纠纷，影响枢纽工程PPP项目的后续运行。

4.3 综合利用水利工程PPP项目“BOOT＋BTO”运作模式的构建

从项目投资结构的角度看，综合利用水利工程既具有基础性投资项目的建设周期长、投资大且收益低特点，又具有公益性投资项目的为社会公众防洪度汛的功能，还具有竞争性投资项目的投资吸引力大特点，因此它是一个混合型投资项目。可以将综合利用水利工程的发电、供水、灌溉、航运等具有竞争性投资特性的功能设施称为经营性设施，将枢纽大坝、水源保护等具有基础性投资特征和防洪、防凌、减淤、调水调沙等具有公益性投资特征的功能设施称为非经营性设施。

针对综合利用水利工程PPP项目BOT模式存在的前期运维资金压力较大、风险责任分担不均和风险界定模糊等不足，可以考虑将综合利用水利工程的经营性设施和公益性设施适当分离，对经营性设施采取BOOT模式，公益性项目采取BTO模式，以期实现降低建设融资成本、提高建设运管效能和有效服务社会公众的多重目标。

具体地讲，可以针对综合利用水利工程构建“BOOT＋BTO”的捆绑式PPP运作模式。政府通过公开招标（或竞争性磋商）方式选定一家社会资本（或社会资本联合体），双方签订综合利用水利工程PPP项目协议书，对经营性设施设置BOOT协议条款，对非经营性设施设置BTO协议条款。综合利用水利工程经营性设施的BOOT运作模式如图4.2所示，非经营性设施的BTO运作模式如图4.3所示。

综合利用水利工程PPP项目协议明确由政府和社会资本共同组建的PPP项目公司负责综合利用水利工程的投融资、建设管理和运维管理，并承担相应的项目风险。BOOT协议条款明确社会资本拥有经营性设施特许经营期内的所有权和运营权，经政府同意后可以将经营性设施资产进行抵押贷款，以获得一定优惠条件的银行贷款作为项目运管维护的部分资金，通过特许经营期内的发电收益、供水收益、灌溉收益和航运收益等回收项目投资、偿还银行贷款，并获得合理的投资利润。特许经营期结束后，综合利用水利工程将免费移交给政府，由政府（或其委托的运维公司）负责后续的运管维护，并承担相应的运维费用、获得相应的经营收益。

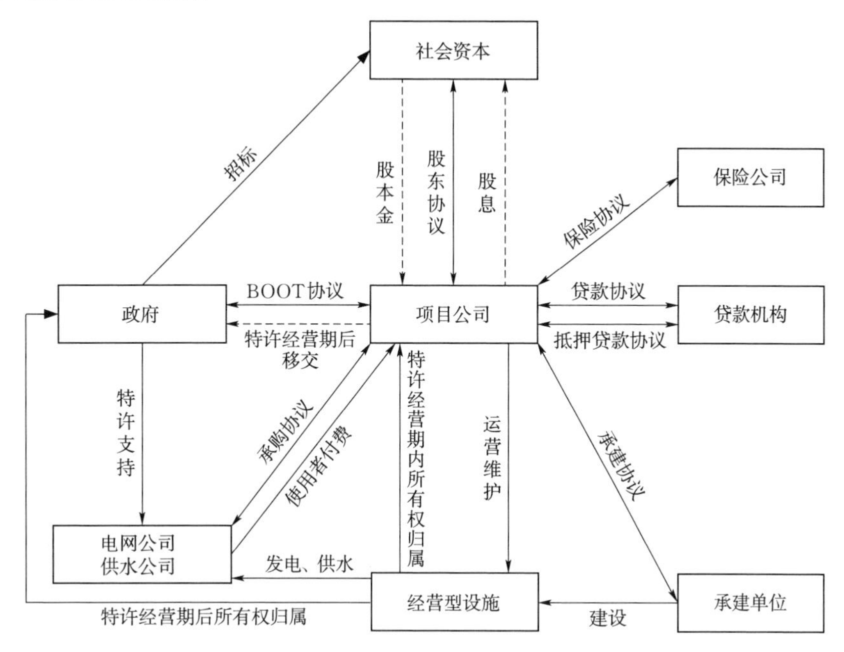

图 4.2 综合利用水利工程经营性设施的 BOOT 运作模式

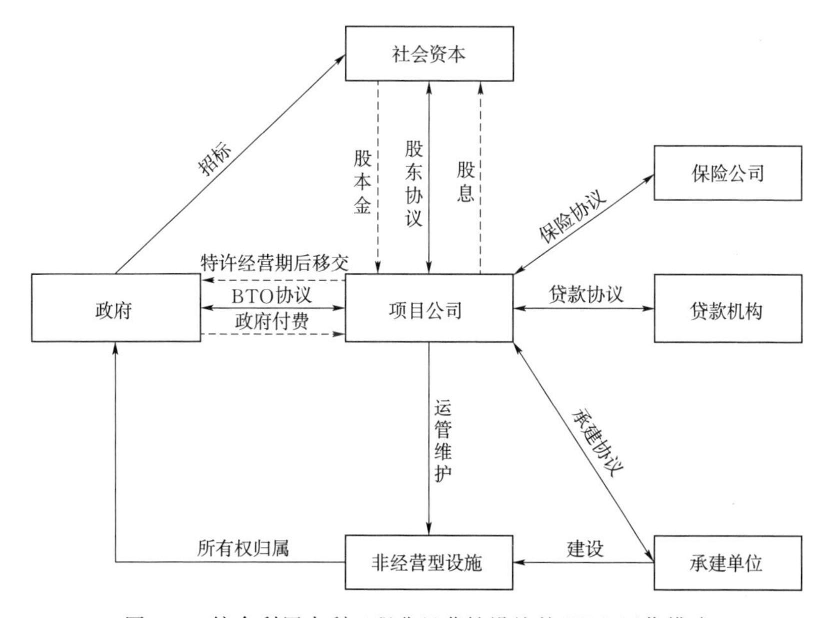

图 4.3 综合利用水利工程非经营性设施的 BTO 运作模式

BTO协议条款明确非经营性设施在建成后就移交给政府，由政府一次性或分阶段地向社会资本支付融资成本、建设成本及合理利润，社会资本在政府授权下负责特许经营期内非经营性设施的运管维护，政府按照“运管维护成本+合理化利润”的原则向社会资本支付相关费用。特许经营期结束后不存在项目所有权的移交，政府（或其委托的运维公司）负责后续的运管维护，并承担相应的运维费用。

从技术角度上看，BOOT运作模式和BTO运作模式已经在众多PPP项目中得到了成功应用，积累了一定的项目融资、设计管理、建设管理和运营管理的经验，从而为综合利用水利工程PPP项目采用“BOOT+BTO”运作模式提供了坚实的技术支撑。从成本管控角度考虑，综合利用水利工程PPP项目采用“BOOT+BTO”运作模式时，身兼经营型设施运营管理者和非经营型设施运营管理者双重职能的社会资本，会在项目设计阶段和建设阶段统筹考虑经营型设施和非经营型设施的功效兼顾，积极采用新技术、新工艺和新方法等减少不必要的成本浪费，并力争通过建设阶段的优化设计降低运营阶段的运管成本支出。从经济效益角度出发，采用“BOOT+BTO”运作模式既能吸引社会资本参与到综合利用水利工程PPP项目中，又能通过政府回购和抵押融资等方式减轻项目运营初期社会资本的资金压力，对政府和社会资本双方都能够产生积极的经济效益。因此，综合利用水利工程PPP项目采用“BOOT+BTO”运作模式是可行的。

4.4 综合利用水利工程PPP项目“BOOT+BTO”运作模式的优势分析

与采用BOT模式相比，综合利用水利工程PPP项目“BOOT+BTO”运作模式的优势主要体现在资金压力、风险责任界定和公益性功能发挥等三个方面。

1. “BOOT+BTO”模式下项目运营初期社会资本的资金压力相对较小

综合利用水利工程PPP项目BOT运作模式的特许经营期内，经营性设施通过良好的运营维护获得收益，非经营性设施需要依靠经营性设施的收益支持或政府补贴才能保证运行维护。综合利用水利工程PPP项目BOT运作模式的资金流情况如图4.4所示。项目建成后运营初期，社会资本的资金流入包括特许经营收益、水电需求量不足时的政府补贴和政府购买服务的相关付费，社会资本的资金流出包括项目运营维护成本和建设期融资贷款及利息，同时，加上特许经营收益、政府补贴和政府付费时间上的相对滞后性，容易导致特许经营初期的社会资本资金压力较大，进而影响枢纽工程的正常运营。

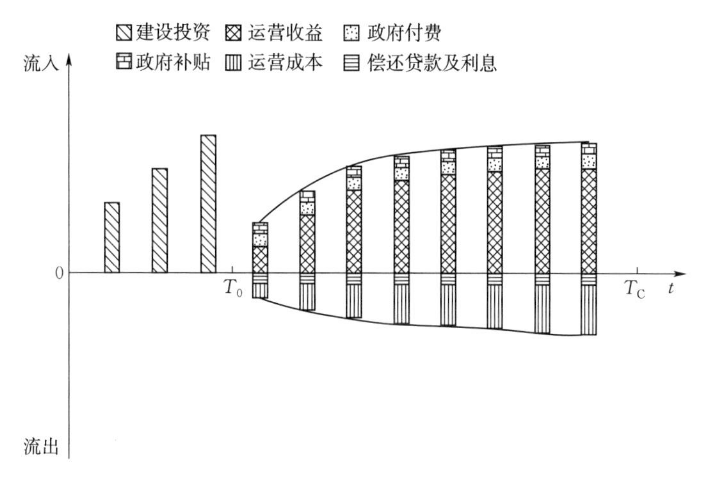

图 4.4 综合利用水利工程 PPP 项目 BOT 运作模式的资金流情况

而在“BOOT+BTO”运作模式下，社会资本拥有经营性设施的特许经营期所有权，经政府同意后可以将经营性设施抵押给金融机构进行融资贷款获得一定的运维资金支持，同时政府需要以回购方式获得非经营性设施的所有权，并按照协议约定委托给社会资本运营维护。“BOOT+BTO”运作模式的资金流情况如图 4.5 所示。项目建成后运营初期，社会资本的资金流入除了特许经营收益、水电需求量不足时的政府补贴和政府购买服务的相关付费外，还包括经营性设施的抵押融资贷款和非经营性设施的政府回购，社会资本的资金流出包括项目运营维护成本、建设期融资贷款和利息以及运营期抵押贷款和利息等。与 BOT 模式相比，押融资贷款和政府回购在一定程度上可以减轻了社会资本的运行维护资金压力，提高项目的运行维护效率。

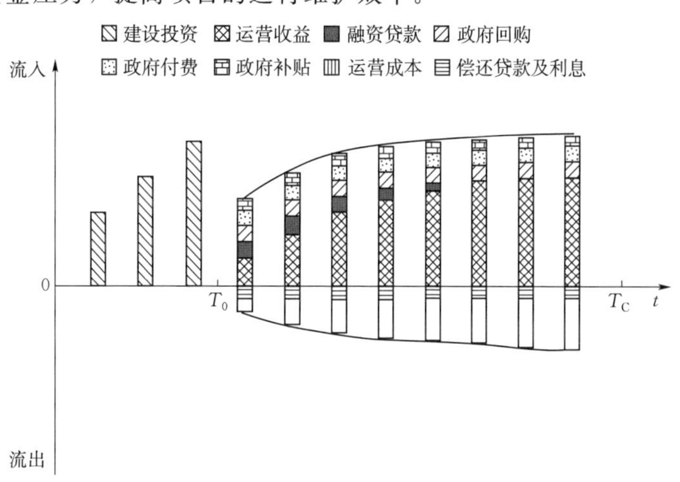

图 4.5 综合利用水利工程 PPP 项目“BOOT+BTO”运作模式的资金流情况

2. “BOOT+BTO”模式下项目的风险责任界定相对明确

综合利用水利工程PPP项目的经营性设施和非经营性设施因其所有权、使用权和效益所属的不同，使得其资产结构也有所不同。从资产结构角度考虑，不同特征的资产结构其责权利结构也有所不同，这就决定了不同资产结构具有不同的责任界定。BOT模式下，社会资本负责特许经营期的项目运营维护，当发生运行调度规则调整导致项目收益损失时，政府和社会资本之间如何对收益损失部分进行责任界定是比较模糊的，特别是公用资产部分的责任界定会更加困难。而在“BOOT+BTO”模式下，特许经营期内政府和社会资本可以根据枢纽工程的资产结构特征分别采用合适的运作模式，经营性设施采用BOOT模式，其所有权暂归社会资本拥有，非经营设施采用BTO模式，其所有权归政府拥有，枢纽工程不同资产的责任界定相对明确，对于风险事件导致的收益损失责任分配也会相对清晰。

3. “BOOT+BTO”模式下枢纽工程的公益性功能发挥更有保障

综合利用水利工程的经济效益和社会效益需要同等重视，特别是枢纽工程的发电、供水和航运等效益的实现必须以保障防洪、抗旱、防凌、调水调沙等公共功能为前提。综合利用水利工程采用“BOOT+BTO”运作模式时，采用BTO模式的非经营性设施，政府在项目建成后就拥有该部分的所有权，并通过政府付费方式保证其公益性功能的正常发挥；政府一次性或分阶段支付该部分建设成本和合理利润的资金压力相对来说应该可以承担。采用BOOT模式的经营性设施，政府将特许经营期内的项目所有权暂时移交给社会资本，支持社会资本获得抵押贷款，并不影响政府对该部分设施的实际控制权，且能够激励社会资本做好运管维护以提高其项目盈利水平，有利于保证项目移交时的设施剩余价值和移交后的功能持续发挥，同时可以为社会公众争取到更低的发电或供水价格，同时政府能够将更多的精力投入到枢纽工程PPP项目建设和运营的监督管理中。

4.5 本章小结

本章分析了综合利用水利工程采用PPP运作模式的优势，在调研分析综合利用水利工程PPP项目的实践情况及存在的问题基础上，剖析了我国范围内综合利用水利工程PPP项目常采用的BOT运作模式的实践缺陷，构建了综合利用水利工程PPP项目的“BOOT+BTO”运作模式。

(1) 分析以往的综合利用水利工程投资建设和运行管理主要由政府负责的原因，指出综合利用水利工程采用PPP项目运作模式可以提高政府和社会资本的资金使用效率、促进政府和社会资本的优势互补、实现政府和社会资本的合理分工、优化政府和社会资本的风险共担，调研分析了我国综合利用水利工程PPP项目的实践情况，剖析了社会资本参与程度低、物有所值评价不到位、运作模式存在不足、建管机制不完善、风险分担过于简单和收益损失风险大等问题。

（2）研究了综合利用水利工程PPP项目普遍采用的BOT运作模式，分析了综合利用水利工程BOT运作模式存在的前期运营维护资金压力大、风险分担不均、权责利分配模糊等不足。

（3）探讨了经营性设施采用BOOT模式和非经营性设施采用BTO模式，构建了综合利用水利工程PPP项目的“BOOT+BTO”运作模式，对比分析了综合利用水利工程PPP项目采用“BOOT+BTO”运作模式的前期运维资金压力相对较小、风险责任界定相对明确、公益性功能发挥更有保障等优势。

第 5 章 综合利用水利工程 PPP 项目的收益结构分析

本章在第 4 章设计的综合利用水利工程 PPP 项目“BOOT+BTO”运作模式基础上，梳理综合利用水利工程 PPP 项目“BOOT+BTO”运作模式下的投资特征、收益风险特征、收益风险因素及其影响，研究综合利用水利工程 PPP 项目的收益结构，构建综合利用水利工程 PPP 项目的收益计算模型。

5.1 综合利用水利工程 PPP 项目的投资特征

在综合利用水利工程 PPP 项目中，政府和社会资本合作的基本原则是：公益主导、社会公平、利益共享和风险共担。政府的角色定位是发起者、合作者、支持者和监督者，其合作目的是解决工程建设财政资金短缺、提高工程建设运管效率和提供高效的公共服务等，通过出让枢纽工程的特许建设开发权、经营权吸引社会资本；社会资本的角色定位是投资者，其合作目的是获得资金、技术、资源、管理等的投资输出渠道和长期稳定的合理化利润收益，通过获得枢纽工程的特许经营期追求长期稳定的投资收益。与传统的政府负责出资建设综合利用水利工程不同，综合利用水利工程 PPP 项目通过政府引入社会资本进行合作开发，政府和社会资本共同组成的 PPP 项目公司不仅负责项目的投融资和建设，还要负责项目设施的管理、运营、维护和服务提供等。

综合利用水利工程 PPP 项目的投资特征见表 5.1。

(1) 政府和社会资本之间的合作不是基于社会资本的投融资资产本身的合作，而是基于提供综合利用水利工程建设及运维管理的长期合作，其主要目标是利用社会资本的融资渠道和运维管理经验进行项目全生命周期的建管优化，在减轻政府投资资金压力的同时，提升综合利用水利工程的运管效率和公共服务质量，并为社会资本找得到资金及管理与技术优质资源的输出渠道。

(2) 政府和社会资本共同发挥自身优势承担相应风险，通过 PPP 模式将综合利用水利工程的设计、建设、运营和融资等专业风险转移给社会资本，而项目审批、政策支持和建设征地等风险则由政府承担，实现双方的风险合理分担（由最有能力管理某风险的参与方承担相应风险）。

表 5.1　　综合利用水利工程 PPP 项目的投资特征

投资特征 主体	合作目的	风险承担	关注目标	投资收益
政府	减少资金压力，提高公共服务质量	项目审批、政策支持和建设征地风险	社会公平、公共服务质量、可持续性、资源合理利用及社会安全	经济效益、财务效益、社会效益、环境效益和生态效益
社会资本	寻求资金及管理与技术优质资源的输出渠道	融资、设计、建设和运营风险	项目投入、项目经营收益、回报期及投资风险	使用者付费、可行性缺口补助、政府付费、配套公共服务和基础设施、其他特许开发经营权益

（3）政府和社会资本共同组建的项目公司作为综合利用水利工程 PPP 项目的融资主体，依靠项目公司的资产状况以及项目完工运营后的盈利能力进行融资。社会资本关注更多的是项目投入、项目经营收益、回报期及投资风险，而且 PPP 项目公司也只有在枢纽工程盈利发展后才有力量去提高防洪、供水和发电等服务质量。政府更加关注枢纽工程的社会公平（体现在项目补贴、项目定价、竞争性项目开发制约、项目风险补偿）、项目的社会服务质量、可持续性（回购期末项目的价值与功能）、资源合理利用和社会安全。

（4）综合利用水利工程 PPP 项目政府和社会资本的投资收益不同。综合利用水利工程 PPP 项目的社会资本投资收益来源主要由使用者付费（电网公司支付发电费用、供水公司支付用水费用、航运公司支付航运费用等）、政府付费（防洪费用、防凌费用、减於费用、调水调沙费用等）和可行性缺口补助（政府灌溉补贴、政府财税补贴）、配套公共服务和基础设施（如城镇供水管网、自来水厂和灌区渠道工程）、其他特许开发经营权益（如库区旅游、库区农业）等。政府的收益包括社会效益、经济效益、环境效益和生态效益，枢纽工程通过全生命周期内的防洪、抗旱、供水、发电、水源保护和生态补水等为区域社会经济发展产生社会效益、环境效益和生态效益，而特许经营期结束枢纽工程移交给政府后，政府运营过程中产生的发电收益、供水收益、灌溉收益和航运收益等属于经济收益。

5.2 综合利用水利工程 PPP 项目的收益风险

综合利用水利工程 PPP 项目的收益风险是指在枢纽工程 PPP 项目特许经营期内，受一系列不确定因素的影响，社会资本不能实现期望收益或预期收益的可能性，包括收益风险事件发生的概率和收益风险事件造成的损失大小。综合利用水利工程 PPP 项目的收益风险在项目建成后的特许经营阶段显得尤为突出，这种风险对社会经济的影响和对社会资本承受能力的要求是其他 PPP 项目无法比拟的，目前尚未得到应有的重视和深入的研究。

5.2.1 综合利用水利工程 PPP 项目的收益风险特征

对于社会资本而言，综合利用水利工程 PPP 项目在兼具有一般模式下项目收益风险的客观性、可测性、潜在性和相对性等特点的同时，还具有其自身风险特点的独特性。

1. 收益风险的影响因素多

社会资本在综合利用水利工程 PPP 项目中的收益主要来自特许经营期的运营阶段，而运营阶段时间跨度大，自然环境、社会环境和市场环境变化多，需要综合分析洪水事件、发电量和入网电价、供水量和供水价格、应急调度、通货膨胀和政府信用等对收益风险的影响。

2. 收益风险的发生概率大

综合利用水利工程 PPP 项目的固定资产投资额巨大、运营成本中的固定成本占比高等特点，决定了发电、供水的边际成本低于其平均运营成本。同时，综合利用水利工程 PPP 项目社会资本的运营收益依赖于供水量和发电量的大小，运营收益空间小，加上综合利用水利工程的运营维护受洪水、干旱等自然灾害的影响较大，导致 PPP 项目公司收益风险的发生概率较大。

3. 收益风险的时间阶段性

综合利用水利工程 PPP 项目的特许经营期时间长，建设阶段和运营阶段的项目参与者众多，影响因素复杂，PPP 项目公司收益风险在项目建成后的特许经营阶段显得尤为突出，这种风险对社会经济的影响和社会资本的承受能力的要求是其他 PPP 项目无法比拟的。特许经营期结束时项目将移交给政府，社会资本的收益风险随之消失。

4. 收益风险的阶段变化性

在综合利用水利工程 PPP 项目的各个实施阶段，社会资本所面临的收益风险因素是不同的。政治风险、不可抗力风险等始终贯穿于项目的各个阶段，而供电量风险、供水量风险等只存在于项目的运营阶段，应根据风险因素的特点和时段进行收益风险影响分析。同时，随着综合利用水利工程 PPP 项目外部、内部条件的不断变化，收益风险的发生概率、损失程度等也随之发生着变化。

5. 收益风险的双重特性

社会资本在综合利用水利工程 PPP 项目的收益风险是把双刃剑。社会资本把综合利用水利工程 PPP 项目作为一种投资经营方式，在获得项目收益的同时承担着一定的项目风险，并力争通过有效合理的风险管控措施，降低甚至避免风险损失，以获得高于风险损失的项目收益。

6. 收益风险边界的模糊性

综合利用水利工程 PPP 项目的所有收益风险中，有些是政府部门承担的，有些是社会资本承担，有些是双方共同承担的，还有些是自然灾害和不可抗力造成的，且不同政府和社会资本的风险分担模式也不尽相同，这些都增加了综合利用水利工程 PPP 项目的收益风险边界清晰划分的难度。

5.2.2 综合利用水利工程 PPP 项目的收益风险因素

综合利用水利工程 PPP 项目的收益风险因素可分为宏观风险、中观风险和微观风险三个层次。其中宏观风险是来源于外在原因引起的风险，即由于项目本身以外的因素而引起的风险，如政治政策风险、宏观经济风险、法律风险、社会风险和自然风险；中观风险是来源于 PPP 项目内在原因而引起的风险，如项目融资风险、设计风险、建设风险和运营风险；微观风险是来源于政府和社会资本之间的根本利益差异而引起的风险，如组织和信任风险、责任风险分配不当风险、合作权利分配不当风险、合作中沟通不利风险以及第三方侵权等风险。

在文献综述的基础上，结合综合利用水利工程 PPP 项目的建设管理和运维管理特点，通过数据收集分析和专家头脑风暴，梳理出综合利用水利工程 PPP 项目的特许经营期收益风险因素如图 5.1 所示。

特许运营风险是综合利用水利工程 PPP 项目特许经营期收益风险的直接影响因素，融资风险和建设风险是特许经营期收益风险的间接影响因素。本书着重分析对特许经营期收益影响最大的供应量风险、需求量风险和价格风险。

（1）综合利用水利工程 PPP 项目的发电供应量和供水供应量是影响特许经营收益的决定性因素之一，在价格固定的情况下，特许经营收益与供应量之间呈正相关关系。供应量风险是因自然灾害、运行调度不善等造成的枢纽工程蓄水量和可用水量不足，PPP 项目的实际发电可用水量和供水可用水量低于预期，进而导致发电电量和供水水量达不到设计标准产生的 PPP 项目收益风险。

（2）综合利用水利工程 PPP 项目的发电需求量和供水需求量是供应量的前置条件，在供应量无限满足的理想状态下，发电供应量和供水供应量与需求量

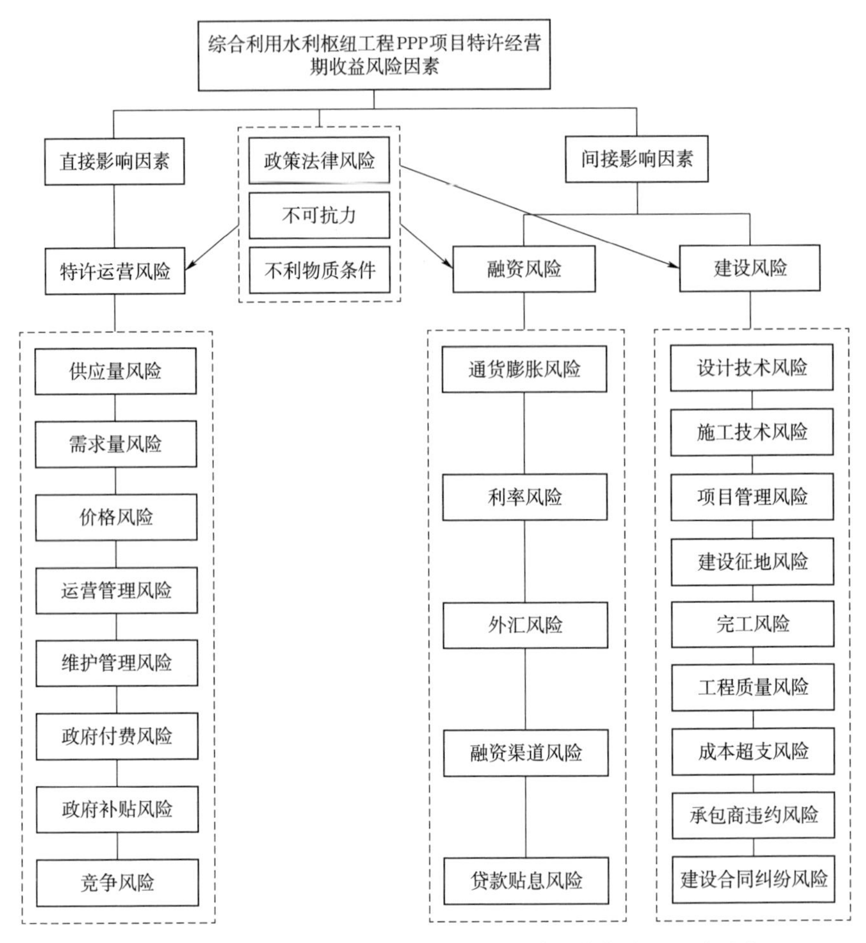

图 5.1　综合利用水利工程 PPP 项目的特许经营期收益风险因素

呈正相关关系，因此，在价格固定的前提下，特许经营收益与需求量之间也呈正相关关系。需求量风险是因入网电量限制、丰水年灌溉用水减少和其他供应水源竞争等造成区域社会公众对枢纽工程的发电电量和供水水量的需求降低，PPP 项目的实际发电入网电量和供水水量（含灌溉供水量）低于预期，进而产生的 PPP 项目收益风险。

(3) 综合利用水利工程 PPP 项目的发电入网电价和供水水价是影响特许经营收益的决定性因素之一，入网电价可参照同区域电网价格执行，供水水价除了受供水成本、费用和利润、水资源稀缺程度、水质要求和用户承受能力的影响外，还要考虑社会资本投融资成本、经营成本、投资回报率等方面，水价定价是由政府、社会资本和社会公众等参与主体充分考虑供水成本、合理利润及市场情况等协商定价，水价构成包括供水生产成本、费用、利润和税金等。在发电供应量和供水供应量一定的情况下，特许经营收益与水电价格呈正相关关系。价格风险是因水电成本增加、价格执行不到位或价格调整滞后等造成的枢纽工程发电收益和供水收益低于预期，进而产生的 PPP 项目收益风险。

5.2.3 综合利用水利工程 PPP 项目的收益风险影响

综合利用水利工程 PPP 项目的收益风险系统是一个由众多相互影响的风险因素组成的复杂系统，不仅包括各风险子系统的风险因素，以及风险因素对 PPP 项目公司收益风险形成的影响，而且包含这些收益风险因素之间的直接或间接的影响或制约关系。

由于这些关系错综复杂，直接对因素之间的关系做出解释非常困难，因此，借助于解释结构模型（Interpretative Structural Modeling Method ，ISM）的系统化建模技术，构建综合利用水利工程 PPP 项目收益风险的解释结构模型如图 5.2 所示，分析收益风险因素的相互关系，揭示收益风险的影响。

各种风险因素通过不同途径和方式对综合利用水利工程 PPP 项目的收益风险的形成产生影响。对综合利用水利工程 PPP 项目的收益风险的解释结构模型由下向上分析。

L7 层的政策法律风险、不可抗力风险和不利物质条件风险等风险要素，都属于客观的项目外部环境风险，并影响着 L6 层融资阶段风险、L5 层和 L4 层的建设阶段风险以及 L3 层和 L2 层的运营阶段风险。

L6 层的贷款贴息风险、通货膨胀风险、利率风险、外汇风险和融资渠道风险构成强连通子集，影响着 L4 层的成本超支风险、L3 层的价格风险和 L2 层的供应量风险、需求量风险、政府补贴风险和政府付费风险。L6 层的建设征地风险影响着 L5 层的管理技术风险、设计技术风险和施工技术风险。

L5 层的管理技术风险、设计技术风险和施工技术风险构成强连通子集，并共同影响着 L4 层的成本超支风险、完工风险、工程质量风险、承包商违约风险和建设合同纠纷风险。

L4 层的成本超支风险、完工风险、工程质量风险、承包商违约风险和建设合同纠纷风险构成强连通子集，这些风险不仅和自身运行有关，还受 L7 层和 L6 层风险因素的影响，如政策法律风险、不可抗力风险、建设征地风险等会引发完工风险，政策法律风险、利率风险等可能引发承包商违约风险。L4 层的风险强连通子集共同影响着 L3 层的价格风险。

L3 层的价格风险没有与之形成强连通子集的风险因素。收费价格风险除了受 L4 层的成本超支风险等强连通子集影响外，还受到 L6 层的外汇风险连通子集和 L7 层的政策法律风险、不可抗力风险等的影响。L3 层的价格风险影响着 L2 层的供应量风险、需求量风险、竞争风险、运营管理风险和维护管理

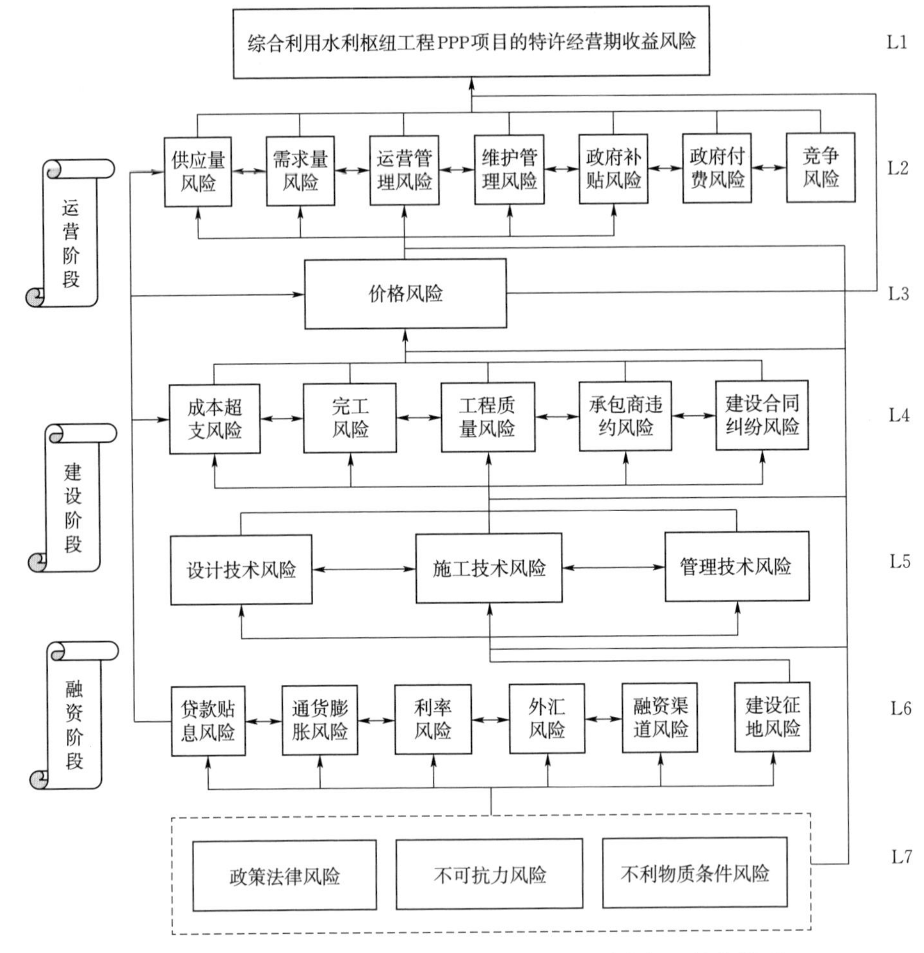

图 5.2　综合利用水利工程 PPP 项目收益风险的解释结构模型

风险。

L2 层的供应量风险、需求量风险、运营管理风险、维护管理风险、政府补贴风险、政府付费风险和竞争风险构成强连通子集，并直接影响着 L1 层的 PPP 项目特许经营期收益风险。

通过分析综合利用水利工程 PPP 项目收益风险的解释结构模型可知，L2～L7 层的各类风险因素存在着相互影响的关系，并直接或间接影响 PPP 项目的收益风险，而 L2 层的供应量风险、需求量风险、运营管理风险、维护管理风险、政府补贴风险、政府付费风险和竞争风险以及 L3 层的价格风险是收益风险的最直接影响因素，其中供应量风险、需求量风险和价格风险也是对 PPP 项目收益影响最大的风险要素。

5.3 综合利用水利工程 PPP 项目的收益结构

综合利用水利工程 PPP 项目的特许经营期内，除了经营性设施的特许经营收益和非经营性设施的政府付费外，当实际用水需求量或用电需求量低于预期，或产生的 PPP 项目收益不足时，政府应对 PPP 项目公司进行补贴；当发生应急调度造成发电用水量或供水水量减少，或水价电价成本上升导致收益利润空间减小产生 PPP 项目收益损失时，政府应对 PPP 项目公司进行收益损失补偿。政府补贴区别于收益损失补偿，因此，综合利用水利工程 PPP 项目的收益包括 BOT 模式的特许经营收益、BTO 模式的政府付费、PPP 项目的政府补贴和 PPP 项目的收益损失补偿，如图 5.3 所示。

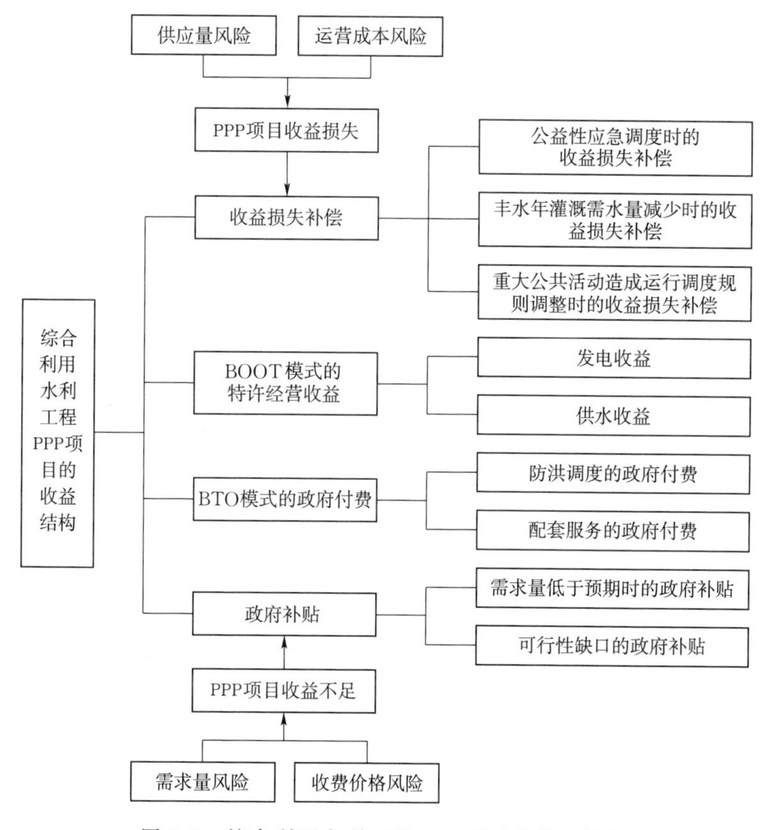

图 5.3 综合利用水利工程 PPP 项目的收益结构

5.3.1 综合利用水利工程 PPP 项目的特许经营收益

综合利用水利工程 PPP 项目采用“BOOT＋BTO”运作模式时，社会资本在特许经营期内拥有水利工程建成后经营性设施的运营权，通过特许经营期内的运营收益回收项目投资，并获得合理的投资利润。本书只研究 BOOT 经营性设施的发电收益和供水收益，而不考虑航运、旅游开发和水产养殖等其他特许经营收益。

1. 发电收益

综合利用水利工程的发电运行和防洪调度之间存在着一定矛盾。对于发电运行来说，希望水库尽量保持较高蓄水位，以满足电站机组充分出力；而对于防洪调度而言，水库汛限水位越低、防洪库容越大，大坝运行的安全性就越高；末汛期的水库汛限水位越高，水库在供水期初蓄满兴利库容的可能性越大。对于社会资本参与的综合利用水利工程 PPP 项目来说，从经济运营效益角度来，要求在洪水消落期采取控制下泄的方式运行，以维持较高的水头，提高机组发电效率；在汛中防洪期需充分利用洪水，实现机组满负荷发电，尽量做到既要保持运行高水位，又要减少弃水；在汛末蓄水期需减少下泄流量，尽快将水库蓄满，保证机组持续产生发电效益。

综合利用水利工程 PPP 项目的发电机组发电入网经电网公司调配供生产生活使用，用电户（或企业）直接向电网公司支付电费，电网公司按照约定的入网电价（或调整电价）和核定入网电量向 PPP 项目公司支付入网电费，该部分收益即为 PPP 项目的发电收益。

由水电站的出力计算公式 $N=9.81\eta QH$ 可知，发电流量 Q 和发电净水头 H 是决定发电出力 N 大小的主要因素。综合利用水利工程 PPP 项目的发电收益计算公式可表示为

$$R_e=p_eW_e-C_e=p_e\sum_{t=1}^{n}9.81\eta Q_{et}H_t\Delta t-\sum_{t=1}^{n}C_{et} \tag{5.1}$$

式中：R_e 为发电收益；p_e 为发电机组的入网电价；W_e 为发电量；C_e 为发电运营成本；η 为发电机组效率系数；Q_{et} 为 t 时段的平均发电用水流量；H_t 为 t 时段的平均发电净水头，等于电站上、下游水位差 $Z_{上}-Z_{下}$ 减去水头损失 $H_{损}$，水头损失 $H_{损}$ 可按照枢纽工程设计中的流量～水头损失关系计算；n 为特许经营期内的计算时段数；Δt 为时段内的发电有效时长。

2. 供水收益

综合利用水利工程 PPP 项目通过供水系统向受水区供水，并获得相应的供水收益。农业灌溉用水由灌溉用水运营单位按照政府定价或政府指导价和灌溉用水量向 PPP 项目公司支付灌溉供水费用；城镇居民用水和工业用水则由用水户（或企业）向供水公司支付用水水费，供水公司按照约定的原水价格（或调整水价）和核定供水水量向 PPP 项目公司支付供水水费；生态环境用水则由政府按照约定的原水价格（或调整水价）和核定用水水量向 PPP 项目公司支付供

水水费。灌溉用水运营单位、供水公司或政府向 PPP 项目公司所支付的供水水费即为 PPP 项目的供水收益。

综合利用水利工程 PPP 项目的供水收益计算公式分别为

$$R_w = p_w W_w - C_w = p_{w1}\sum_{t=1}^{n} Q_{wt1}\Delta t_1 + p_{w2}\sum_{t=1}^{n} Q_{wt2}\Delta t_2 + p_{w3}\sum_{t=1}^{n} Q_{wt3}\Delta t_3 - \sum_{t=1}^{n} C_{wt} \tag{5.2}$$

式中：R_w 为供水收益；p_w 为供水水价；W_w 为供水水量；C_w 为供水运营成本；p_{w1}、p_{w2} 和 p_{w3} 分别为灌溉供水水价、城镇生活供水水价和生态供水水价；Q_{wt1}、Q_{wt2} 和 Q_{wt3} 分别为 t 时段的灌溉供水流量、城镇生活供水流量和生态供水流量；n 为特许经营期内的计算时段数；Δt 为时段内的发电有效时长。

5.3.2 综合利用水利工程 PPP 项目的政府付费

综合利用水利工程 PPP 项目采用“BOOT+BTO”运作模式时，BTO 模式的非经营性设施作为直接向社会公众提供防洪调度服务的公益性基础设施项目，由政府授权给社会资本负责特许经营期内的运营管理维护，并按照政府的部署要求实施防洪调度。政府通过将本应由自己承担的公益性防洪、防凌、调水调沙和应急调度等职能工作委托给 PPP 项目公司承担，使社会公众和区域经济发展获得一定的社会福利，相应地，政府按照“运营管理维护成本+合理化利润”的原则，以政府付费方式向社会资本支付相关费用。

综合利用水利工程 PPP 项目运营维护过程中，PPP 项目公司根据政府要求实施的枢纽工程除险加固、库区水源防护和配套工程新建（扩建）等运营管理维护工作，政府按照“运营管理维护成本+合理化利润”的原则，以政府付费方式向社会资本支付相关费用。

5.3.3 综合利用水利工程 PPP 项目的政府补贴

PPP 项目的政府补贴形式主要包括投资补贴、资本金注入、贷款贴息、资源配置（如划拨土地、配套设施）和其他优惠补贴（如税收返还、价格补贴）等，不限于通过一般公共预算和基金预算对项目的现金支出。根据对广东韩江高陂水利枢纽工程、贵州马岭水利枢纽工程、湖南莽山水库工程、四川李家岩水库工程、重庆观景口水库工程和浙江高坪桥水库工程等 PPP 项目的调研分析，综合利用水利工程 PPP 项目的回报机制大多采用“使用者付费+可行性缺口补助”方式。PPP 项目按照合同约定规则运行调度时存在收益不足时，按照合同规定政府需要对 PPP 项目进行补贴。

综合利用水利工程 PPP 项目合同内的政府补贴主要包括以下几种情形：

(1) 受电网容量限制，综合利用水利工程 PPP 项目的实际入网电量低于保底电量时，不足部分的发电收益由政府补贴给 PPP 项目公司。

(2) 供水公司基于自来水终端水价向 PPP 项目公司支付原水水费，原水水费与自来水水费中的水利工程费的差额以财政资金予以补贴；供水公司根据实际用水量向 PPP 项目公司支付原水水费，若实际用水量低于保底水量，则不足部分的原水水费由政府补贴给 PPP 项目公司；因原水成本上升政府需启动终端水价调整程序时，若水价调整不及时或无法调整，使用者付费不足以覆盖原水水费时，由政府向 PPP 项目公司给予政策性补贴。

(3) 经济环境异常引起 PPP 项目供电利润和供水利润暴跌，PPP 项目公司的特许经营收益远低于预期收益时，政府向社会资本进行一定的财税补贴，以维持 PPP 项目的可持续运营。

(4) PPP 项目的非经营性设施按照“运营管理维护成本+合理化利润”的政府付费方式无法满足合同范围内的项目公益性调度时，政府需要在政府付费的基础上给予一定的财税补贴，以保证枢纽工程公益性调度功能的正常发挥。

(5) 按照综合利用水利工程 PPP 项目合同约定，项目建成运营 n_0 年后 ($n_0 \leqslant n$，n 为特许经营期年数)，经政府和社会资本认可的第三方机构进行审计得出的财务内部收益率低于社会资本的预期财务内部收益率时，政府投资部分不参与收益分成，优先让社会资本方享有收益分成，即政府以转让收益分成的方式对社会资本进行补贴。

5.3.4 综合利用水利工程 PPP 项目的收益损失补偿

综合利用水利工程 PPP 项目所在流域发生异常自然灾害事件，PPP 项目公司按照政府的防洪抗旱要求实施公益性应急调度，或发生突发应急事件和重大公共活动等，PPP 项目公司按照政府的要求调整枢纽工程运行调度规则，导致 PPP 项目的特许经营发电收益和供水收益减少以及运营维护成本增加，统称为综合利用水利工程 PPP 项目的收益损失。从风险分担的角度考虑，政府和社会资本应该就 PPP 项目的收益损失进行协商以确定合理有效的补偿方法。PPP 项目的收益损失和损失补偿的内容将分别在第 6 章和第 7 章进行详细研究。

5.4 综合利用水利工程 PPP 项目的收益模型

作为 PPP 项目伙伴关系的体现，在综合利用水利工程 PPP 项目的建设和运营过程中，政府和社会资本对建设成本、运营成本函数和电量/水量需求函数等所掌握的信息是相同的，即双方信息是对称的。

综合利用水利工程 PPP 项目收益模型的参数定义如下：

(1) n——PPP 项目合同中约定的特许经营期（不含建设期）。

(2) i——PPP 项目特许经营期的折现因子。

(3) C_c——PPP 项目的建设期固定成本，在特许经营期已成为沉淀成本，不影响风险事件发生前后 PPP 项目的利润变化。

(4) C_o——PPP 项目经营性设施的特许经营期运营成本。运营成本包括固定运营成本和变动运营成本，其中变动运营成本与项目的运营年数和每年的水电需求量有关。记经营性设施每年的固定运营成本为 C_{fo}，第 t 年的变动运营成本为 $C_{vo}(t, W_t)$，则第 t 年的运营成本可表示为

$$C_o(t, W_t) = C_{fo} + C_{vo}(t, W_t) = C_{fo} + \alpha_1 W_{et} + \alpha_2 W_{wt} + \beta t \tag{5.3}$$

式中：α_1 为供电量的边际运营成本；α_2 为供水量的边际运营成本，即在其他条件不变的情形下每增加一单位的水电供应量所增加的变动运营成本；β 为运营时间的边际成本，即在其他条件不变的情形下运营时间每增加一年所增加的变动运营成本。

(5) C_p——PPP 项目非经营性设施的运营成本。记非经营性设施每年的固定运营成本为 C_{fp}，第 t 年的变动运营成本为 C_{vpt}，则第 t 年的运营成本可表示为

$$C_{pt} = C_{fp} + C_{vpt} = C_{fp} + \rho t \tag{5.4}$$

式中：ρ 为非经营性设施运营时间的边际成本，即在其他条件不变的情形下运营时间每增加一年所增加的变动运营成本。

(6) C_e——PPP 项目的特许经营期应急成本。应急成本是在发生自然灾害或突发应急事件时，PPP 项目公司采取应急防洪或应急供水时所增加的运营成本，记第 t 年的运营成本为 C_{et}。

(7) R_i——PPP 项目的特许经营收益。特许经营收益包括发电收益 R_{ei} 和供水收益 R_{wi}，记第 t 年的发电量、供水量、入网电价和原水价格分别为 W_{et}、W_{wt}、p_{et} 和 p_{wt}，则第 t 年的特许经营收益可表示为

$$R_{it} = R_{eit} + R_{wit} = p_{et} W_{et} + p_{wt} W_{wt} \tag{5.5}$$

(8) R_p——PPP 项目非经营性设施的政府付费，记第 t 年的非经营设施运管维护成本为 C_{pt}，合理化利润率为 λ，则第 t 年的政府付费可表示为

$$R_{pt} = C_{pt}(1+\lambda) = (C_{fp} + \rho t)(1+\lambda) \tag{5.6}$$

(9) R_s——PPP 项目的政府补贴，记第 t 年的政府补贴为 R_{st}。

(10) R_c——PPP 项目的收益损失补偿，记第 t 年的收益损失补偿为 R_{ct}。

通过上述分析可知，综合利用水利工程 PPP 项目的收益计算模型可表示为

$$
\begin{aligned}
R &= R_i + R_p + R_s + R_c - C_o - C_p - C_e - C_c \\
&= \Big[\sum_{t=1}^{n}(p_{et}W_{et} + p_{wt}W_{wt}) + \sum_{t=1}^{n}C_{pt}(1+\lambda) + \sum_{t=1}^{n}R_{st} + \sum_{t=1}^{n}R_{ct} \\
&\quad - \sum_{t=1}^{n}C_o(t, W_t) - \sum_{t=1}^{n}C_{pt} - \sum_{t=1}^{n}C_{et}\Big](1+i)^{-t} - C_c \\
&= \sum_{t=1}^{n}\big[(p_{et} - \alpha_1)W_{et} + (p_{wt} - \alpha_2)W_{wt} + \lambda(C_{fp} + C_{vpt}) + R_{st} + R_{ct} \\
&\quad - (C_{fo} + \beta t) - C_{et}\big](1+i)^{-t} - C_c
\end{aligned} \tag{5.7}
$$

5.5 本章小结

本章研究了综合利用水利工程 PPP 项目的合作基础、收益风险特征、收益风险因素及其影响，分析了综合利用水利工程 PPP 项目的收益结构，构建了综合利用水利工程 PPP 项目的收益计算模型。

(1) 基于政府和社会资本不同的角色定位，从政府和社会资本的合作目的、风险承担、关注目标和投资收益四个方面，研究了综合利用水利工程 PPP 项目的合作基础。

(2) 分析了综合利用水利工程 PPP 项目的收益风险影响因素多、发生概率大、时间阶段性、阶段变化性、双重特性和边界模糊性等特征，梳理了对综合利用水利工程 PPP 项目特许经营期收益影响最大的供应量风险、需求量风险和价格风险，并运用解释结构模型分析了综合利用水利工程 PPP 项目的收益风险影响。

(3) 分析了包括特许经营收益（发电收益和供水收益）、政府付费、政府补贴和收益损失补偿在内的综合利用水利工程 PPP 项目收益结构，构建了综合利用水利工程 PPP 项目的收益模型。

第 6 章

综合利用水利工程 PPP 项目的收益损失计算

本章在第 5 章建立的综合利用水利工程 PPP 项目收益计算模型基础上，分析综合利用水利工程 PPP 项目“BOOT＋BTO”运作模式下，实施超标准洪水防洪调度、区域干旱应急调水和区域洪涝应急防洪等公益性应急调度时的收益损失，研究丰水年灌溉需水量减少和重大公共活动引起运行调度规则调整造成的收益损失，分析发电收益损失和供水收益损失的量化思路和计算函数，运用 Copula 函数理论分析发电收益和供水收益的联合收益损失，建立综合利用水利工程 PPP 项目的收益损失计算模型。

6.1 综合利用水利工程 PPP 项目的收益损失分析

综合利用水利工程 PPP 项目因公共事件或突发应急事件造成运行调度规则调整时，PPP 项目的发电可用水量、供水可用水量和运营维护成本随之发生改变，必然导致 PPP 项目的收益发生改变，如图 6.1 所示，按照运行调度规则改变的发生原因可以将综合利用水利工程 PPP 项目的收益损失分为三种情况：①公益性应急调度造成的收益损失，包括超标准洪水防洪调度的收益损失、区域干旱应急调水的收益损失和区域洪涝应急防洪的收益损失；②丰水年灌溉需水量减少造成的收益损失；③重大公共活动调整运行调度规则造成的收益损失。

6.1.1 收益损失过程描述

所谓的收益损失，是指在风险因素或复合风险因素及项目实施环境的交互作用下，风险事件发生并导致项目的实际受益于既定收益指标之间产生的偏离差值。收益损失的产生遵循“风险因素—风险事件—收益损失”的一般范式，即风险因素及项目实施环境之间的交互作用，使得风险事件的发生呈现不确定性，进而导致收益损失的不确定性。

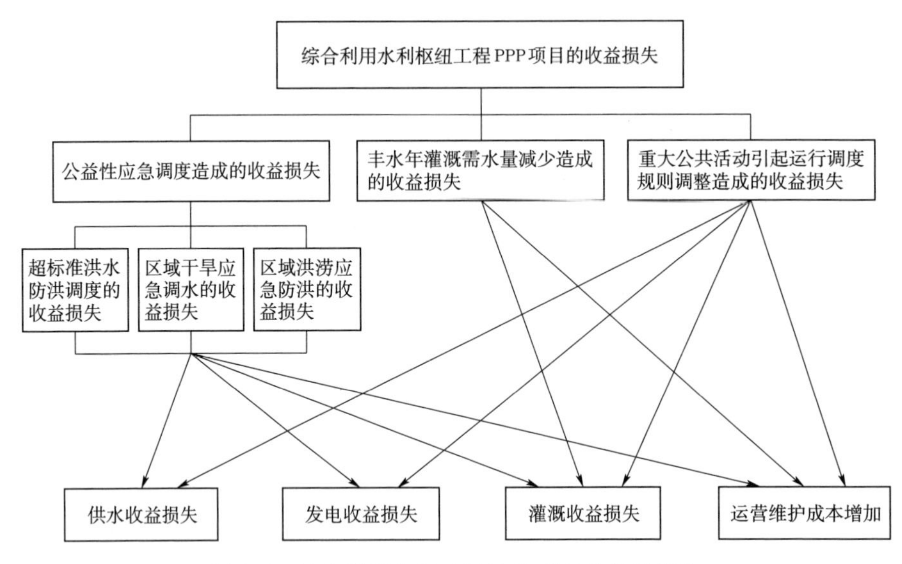

图 6.1　综合利用水利工程 PPP 项目的收益损失

风险事件发生时，由于风险防范和风险应对的作用，收益损失随风险大小非线性地单调增大，收益损失曲线形态近似 S 形，经历初始、加速、转折、减速和平缓等变化过程，如图 6.2 所示，这种变化过程可以借鉴更具有一般性的量能累积与释放的过程进行描述。由于项目实施者拥有一定风险防范意识和风险应对措施，收益损失累积过程受阻抗作用而呈现非线性增长：初始阶段收益损失积蓄量不大，加上及时的风险防范，收益损失发展缓慢；随着收益损失累积持续进行，积蓄的收益损失量超过项目实施者的风险应对能力，使得收益损失呈现暴发式发展，收益损失迅速上升；最后，随着风险事件的发展以及项目实施者应对能力的提升，收益损失进入衰减阶段，风险事件逐渐平息，收益损失趋于稳定。这就形成了收益损失曲线的多拐点、非线性特征。

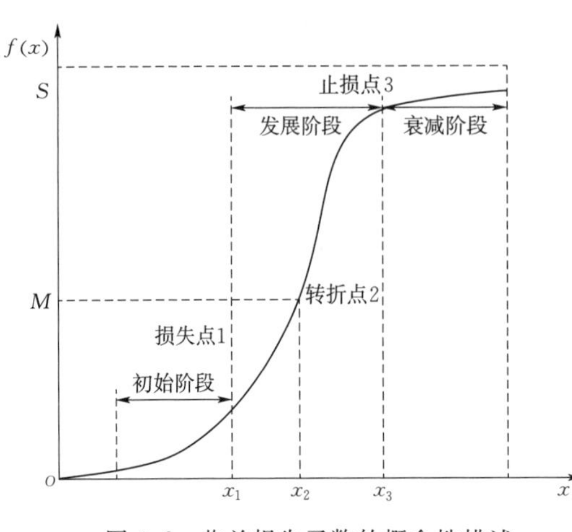

图 6.2　收益损失函数的概念性描述

从收益损失过程的概念性描述中可以得出：①收益损失函数 $f(x)$ 是 x 的单调增函数；②收益损失函数曲线至少包含两个重要的拐点 1 和拐点 3，其中拐点 1 是 x 的收益损失量能累积超过风险应对能力的暴发点，称为损失点，拐点 3 是 x 的收益损失量能释放后风险应对能力重新发挥约束作用的转折点，称为止损点；③损失点 1 和止损点 3 将收益损失过程分为三个阶段，即损失初始阶段、损失发展阶段和损失衰减阶段；④收益损失发展阶段还存在一个转折点 2，此时风险事件影响量能暴发后进入完全释放状态，反映了收益损失由发展到衰减的转变过程。实际发生的收益损失，可能是收益损失函数曲线中的任意一段，因此可以通过对实际发生的收益损失进行拟合参数分析，其总体分布即为收益损失区域损失函数。

6.1.2 公益性应急调度时的收益损失

综合利用水利工程 PPP 项目在发生超标准洪水防洪调度、区域干旱应急调水和区域洪涝应急防洪等公益性应急调度时，必然会调整其运行调度规则，与 PPP 项目常规运行调度规则存在差异，导致 PPP 项目的特许经营收益（发电收益和供水收益）和运营维护成本的改变，使得综合利用水利工程 PPP 项目的收益随之发生改变，如图 6.3 所示。

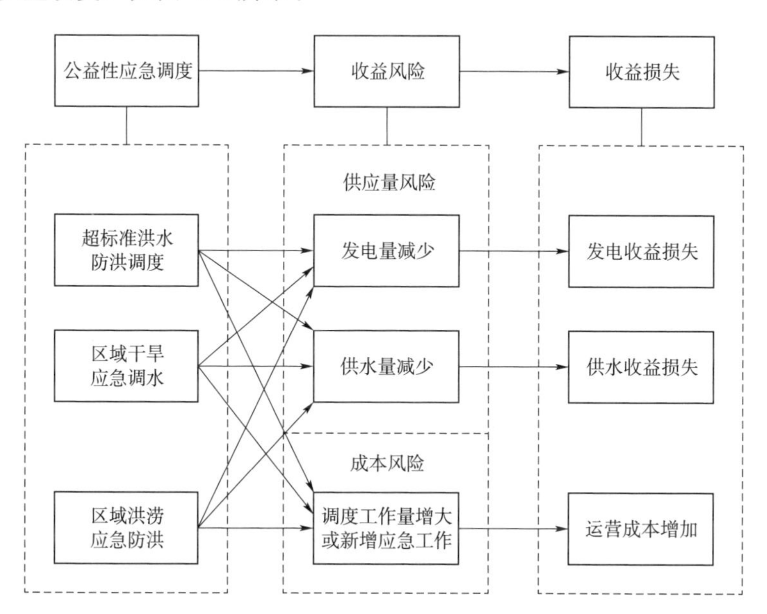

图 6.3 综合利用水利工程 PPP 项目公益性应急调度的收益损失

1. 超标准洪水防洪调度的收益损失

对于综合利用水利工程 PPP 项目而言，政府和社会资本在 PPP 合同中对洪水事件发生时的防洪调度规则约定要符合流域整体防洪调度要求，并在经批准的防洪调度方案允许范围内实施防洪调度和特许经营。综合利用水利工程 PPP

项目在遭遇流域超标准洪水时，需要对合同约定的防洪调度规则进行调整，以满足超标准洪水防洪调度需求。

超标准洪水事件的汛前，PPP 项目公司需统筹考虑未来气象预报、雨情预报、水文预报、水库蓄水和区间洪水汇集情况，为保证大坝安全运行或区域防洪安全，在不影响下游防洪目标安全的前提下，综合利用水利工程 PPP 项目提前开启泄洪设施加大泄洪流量，确保洪水来临前预留出更多的防洪库容。与正常洪水事件相比，超标准洪水的汛前预泄起始时间更早，预泄流量更大，预泄持续时间更长，汛限动态水位更低。

超标准洪水事件的汛中，上游电站加大泄洪和区间洪水集流叠加入库，入库洪水流量大于发电机组指定负荷运转所需发电流量，为确保大坝安全运行，PPP 项目公司需按照敞泄方式加大泄洪流量，使水库水位维持在非常运用洪水位；当入库洪量超过枢纽全部泄流能力时，水库水位持续上升并临近设计洪水位或校核洪水位。与正常洪水事件相比，超标准洪水的泄洪流量更大，水库蓄水量增长的更快，水位上升更多。

超标准洪水事件的汛后，PPP 项目公司需根据水文预报信息适时开展蓄水工作，确保拦蓄足够蓄水量以维持综合利用水利工程的可持续运营。与正常洪水事件相比，超标准洪水时汛末蓄水开始时间稍晚，枢纽工程蓄水压力更大，电站泄洪流量减小的更多。

在超标准洪水事件发生的汛前预泄阶段、汛中防洪阶段和汛后蓄水阶段，PPP 项目公司实施的应急防洪调度改变了枢纽工程的运行调度规则，导致发电可用水量和供水可用水量的改变，造成综合利用水利工程 PPP 项目的发电收益损失和供水收益损失，同时增加了 PPP 项目公司的应急防洪调度运营管理成本。政府和社会资本需要对超标准洪水造成的 PPP 项目收益损失进行责任分担，政府按责任分担比例对社会资本进行损失补偿。

2. 区域干旱应急调水的收益损失

当综合利用水利工程 PPP 项目承担应急备用水源供水功能时，在平时并不是或不完全是向保障目标供水的，只有在发生区域特大干旱灾害时，根据国家或地方政府的抗旱应急调度统一部署要求，PPP 项目需调整其运行调度规则，作为应急备用水源向区域保障目标应调水，以保障城镇居民生活用水、工业生产用水和农业灌溉用水等。

综合利用水利工程 PPP 项目在实施区域应急调水时，上游入库水量持续平稳或逐步减少，枢纽工程蓄水量和可用水量逐渐减小，发电机组的发电可用水量和供水系统的供水可用水量会随之减小，且对枢纽工程的后续可持续运营产生不利影响，必然会造成发电收益损失和供水收益损失的增大，同时可能增加 PPP 项目供水的运行调度运营管理成本。

3. 区域洪涝应急防洪的收益损失

当综合利用水利工程 PPP 项目上游未发生暴雨洪水，入库流量平稳，但下游发生区域性暴雨导致蓄水工程和河道防洪压力较大、洪涝灾害严重时，PPP 项目公司根据政府的应急防洪部署要求，需调整枢纽工程的运行调度规则，下闸蓄水减小下泄流量，机组发电流量随之减小，水库蓄水量增大，库水位逐渐升高。

综合利用水利工程 PPP 项目在实施区域应急防洪过程中，运行调度规则的调整导致枢纽工程蓄水量和可用水量发生改变，发电可用水量和供水可水量随之发生改变，可能会发生发电收益损失和供水收益损失，PPP 项目公司的应急防洪运营管理成本相应地增加。

通过对超标准洪水防洪调度、区域干旱应急调水和区域洪涝应急防洪等公益性应急调度的收益损失过程分析可看出，综合利用水利工程 PPP 项目公益性应急调度时的收益损失，主要包括发电可用水量减少造成的发电收益损失、供水可用水量减少造成的供水收益损失和应急调度增加的运营维护成本。PPP 项目公司按照政府要求实施的公益性应急调度，是以牺牲 PPP 项目收益为代价为区域社会经济发展做出了贡献，从公平公正的角度考虑，政府应该对公益性应急调度造成的 PPP 项目收益损失进行合理补偿。

6.1.3 丰水年灌溉需水量减少时的收益损失

长期以来，我国灌溉工程设计保证率一般以设计枯水年的水文气象、水土资源、作物组成、灌区规模、灌溉方式和经济效益等为标准进行设计。对于以灌溉效益为主的综合利用水利工程 PPP 项目而言，与正常降水年的灌溉用水量相比，丰水年时灌区农作物所需灌溉用水量锐减，必然会发生 PPP 项目的灌溉收益损失。

当灌溉用水量减少导致的枢纽工程多余蓄水量可以调配为发电用水或其他供水用水时，增加的发电效益或供水效益可以弥补部分灌溉效益损失，此时综合利用水利工程 PPP 项目的收益损失应包括灌溉收益损失量与发电或供水收益增加量的差值，以及处于剩余多余蓄水量的成本费用。

当灌溉用水量减少导致的枢纽工程多余蓄水量无法调配为发电用水或其他供水用水时，PPP 项目无法获得额外的发电收益或供水收益，且需要处理多余蓄水量。在这个过程中，综合利用水利工程 PPP 项目的收益损失包括灌溉收益损失和处理多余蓄水量的成本费用。

6.1.4 重大公共活动造成运行调度规则调整时的收益损失

在综合利用水利工程 PPP 项目的特许经营期（一般都在 30 年左右，甚至更长）内，政府因实施多沙流域的调水调沙、下游滩区的综合开发利用或下游新建工程的导截流工程等重大公共性社会活动或经济活动的需要，要求 PPP 项目公司改变枢纽工程的运行调度规则，为公共活动的正常实施创造有利的环境条件。

综合利用水利工程 PPP 项目运行调度规则的调整，必然会造成调蓄水量和可用水量的变化，发电可用水量和供水可用水量随之变化，进而导致发电效益、供水效益和运行调度成本的变化。在这个过程中，综合利用水利工程 PPP 项目的收益损失包括枢纽工程蓄水量变化引起的发电可用水量减少导致的发电收益损失、供水可用水量减少导致的供水收益损失和运行调度规则调整可能引起的运行调度成本增加。

6.2 综合利用水利工程 PPP 项目的特许经营收益损失

6.2.1 特许经营收益损失量化的基本思路

本书的特许经营收益损失只研究发电收益损失和供水收益损失（含灌溉收益），而不考虑航运、水产养殖和旅游开发等其他经济收益损失。基于国际工程索赔中的修正总费用法[211]，运用 But - for 方法对风险事件造成的收益损失责任交叉部分进行区分，厘清合同双方各自应承担的收益损失分担责任。以综合利用水利工程 PPP 项目的超标准洪水防洪调度的收益损失为例，假定防洪调度的洪水条件属于合同范围内的正常洪水条件，作为有经验的 PPP 项目公司应采取合理的应急调度方案，该调度方案指导的防洪调度造成的发电收益损失和供水收益损失属于 PPP 项目公司正常承担的风险损失；而发生超标准洪水事件时，PPP 项目公司需根据超标准洪水预报信息调整应急调度方案，所实施的超标准洪水防洪调度造成的发电收益损失和供水收益损失与正常洪水防洪调度的收益损失之间的差额，即为超标准洪水防洪调度对 PPP 项目公司造成的特许经营收益损失。

类似地，区域干旱应急调水、区域洪涝应急防洪、丰水年灌溉需水量减少和重大公共活动造成运行调度规则调整的特许经营收益损失，也采用修正总费用法的相关思路进行计算。

6.2.2 发电收益损失

综合利用水利工程 PPP 项目实施公益性应急调度或重大公共活动引起的运行调度规则调整导致的枢纽工程蓄水量和发电可用水量的减少，造成的运行调度规则调整前后的发电收益损失差额即为 PPP 项目的发电收益损失。

综合利用水利工程 PPP 项目的发电收益损失可表示为

$$L_e = f(Q_f, H) = p_e 9.81\eta\left(\sum_{t=0}^{T} Q_{e1} H_1 \Delta t - \sum_{t=0}^{T} Q_{e2} H_2 \Delta t\right) \tag{6.1}$$

式中：L_e 为发电收益损失；p_e 为发电入网价格；Q_{e1} 和 H_1 为正常运行调度规则时的发电用水流量和发电净水头；Q_{e2} 和 H_2 分别为运行调度规则调整后的发电用水流量和发电净水头；T 为发电持续时间。

发电净水头可表示为

$$H = H_d - H_s - \Delta H = H_d - H_s - \tau Q_e^2 \tag{6.2}$$

式中：H_d 为坝前水位；H_s 为下游水位；τ 为流量～水头损失系数。

将式（6.2）代入式（6.1）中，可得发电收益损失的表达式为

$$L_e = f(Q_e, H) = p_e 9.81\eta \begin{bmatrix} \sum_{t=0}^{T} Q_{e1}(H_{d1} - H_{s1} - \tau Q_{e1}{}^2)\Delta t - \\ \sum_{t=0}^{T} Q_{e2}(H_{d2} - H_{s2} - \tau Q_{e2}{}^2)\Delta t \end{bmatrix} \tag{6.3}$$

发电收益损失的约束条件包括：

（1）水量平衡约束条件为

$$W(t+1) = W(t) + \{Q_r(t) - [Q_f(t) + Q_g(t) + Q_k(t)]\}\Delta t \tag{6.4}$$

式中：$W(t)$、$W(t+1)$ 为 t 时段初、末的库蓄水量，m^3；$Q_i(t)$、$Q_e(t)$、$Q_w(t)$、$Q_k(t)$ 为 t 时段的入库流量、发电流量、供水水量和弃水及其他损失量（从溢洪道或其他渠道/途径引走，不经过水轮机），m^3/s，$Q_i(t) \geqslant 0$，$Q_e(t) \geqslant 0$，$Q_w(t) \geqslant 0$，$Q_k(t) \geqslant 0$；Δt 为时段长。

（2）库容曲线约束条件为

$$H_d(t+1) = f_H[W(t+1)] \tag{6.5}$$

式中：$H_d(t+1)$ 为 t 时段末的坝前水位，m；$f_H(\cdot)$ 表示库容曲线函数。

（3）库水位或库蓄水量约束条件为

$$\begin{cases} H_{dmin}(t+1) \leqslant H_d(t+1) \leqslant H_{dmax}(t+1) \\ W_{min}(t+1) \leqslant W(t+1) \leqslant W_{max}(t+1) \end{cases} \tag{6.6}$$

式中：$H_{dmin}(t+1)$、$H_{dmax}(t+1)$ 为 t 时段末枢纽工程的坝前下限水位和上限水位，m；$W_{min}(t+1)$、$W_{max}(t+1)$ 为 t 时段末枢纽工程的下限蓄水量和上限蓄水量，m^3，分别由 $H_{dmin}(t+1)$、$H_{dmax}(t+1)$ 查库容曲线获得。

（4）下游水位流量关系约束条件为

$$H_s(t) = f_s[Q_f(t) + Q_k(t)] \tag{6.7}$$

式中：$H_s(t)$ 为 t 时段下游平均水位，m；$f_s(\cdot)$ 为下游水位～流量关系函数。

（5）机组水头约束条件为

$$\begin{cases} H_{\min}(t) \leqslant H(t) \leqslant H_{\max}(t) \\ H(t) = H_{d}(t) - H_{s}(t) - \Delta H(t) \\ \Delta H(t) = f_{\Delta H}[Q_{f}(t)] = \tau Q_{f}^{2}(t) \end{cases} \tag{6.8}$$

式中：$H(t)$、$\Delta H(t)$ 为 t 时段的机组水头和水头损失，m；$H_{\min}$、$H_{\max}$ 为机组的最小水头和最大水头，m；$f_{\Delta H}(\cdot)$ 表示发电机组的水头损失函数；τ 为流量～水头损失系数。

(6) 机组出力约束条件为

$$N_{\min}(t) \leqslant N(t) \leqslant N_{\max}(t) \tag{6.9}$$

式中：$N_{\min}(t)$、$N_{\max}(t)$ 为 t 时段机组的最小出力和最大出力，kW，$N_{\min}(t)$ 取决于机组运行条件和电力线路限制等；电网不限定时，$N_{\max}(t)$ 可取机组的满荷预想出力。

(7) 流量约束条件为

$$\begin{cases} Q_{\mathrm{emin}}(t) \leqslant Q_{e}(t) \leqslant Q_{\mathrm{emax}}(t) \\ Q_{e}(t) + Q_{w}(t) + Q_{k}(t) \geqslant Q_{\mathrm{zmin}}(t) \end{cases} \tag{6.10}$$

式中：$Q_{\mathrm{emin}}(t)$、$Q_{\mathrm{emax}}(t)$ 为枢纽工程在 t 时段的最小过机流量和最大过机流量；$Q_{\mathrm{zmin}}(t)$ 为水库在 t 时段内的综合用水最小流量。

6.2.3 供水收益损失

综合利用水利工程PPP项目实施公益性应急调度或重大公共活动引起的运行调度规则调整导致的枢纽工程蓄水量和供水可用水量的减少，造成的运行调度规则调整前后的供水收益损失差额即为PPP项目的供水收益损失；当丰水年灌溉需水量减少时导致的灌溉供水收益减少，或多余灌溉需水量调配为发电或其他供水的增量收益与灌溉收益损失的差额即为PPP项目的供水收益损失。

综合利用水利工程PPP项目的供水收益损失可表示为

$$L_{w} = f(Q_{w}) = p_{w}\left(\sum_{t=0}^{T} Q_{w1}\Delta t - \sum_{t=0}^{T} Q_{w2}\Delta t\right) \tag{6.11}$$

式中：L_{w} 为供水收益损失；p_{w} 为供水原水价格；Q_{w1} 为正常运行调度规则时的供水流量（含灌溉供水流量）；Q_{w2} 为运行调度规则调整后的供水流量（含灌溉供水流量）；T 为供水持续时间。

供水收益损失的约束条件除了式（6.4）、式（6.5）和式（6.6）外，还包括：

(1) 供水水位约束条件为

$$H_{\mathrm{wmin}}(t) \leqslant H_{w}(t) \leqslant H_{\mathrm{wmax}}(t) \tag{6.12}$$

式中：$H_{\mathrm{wmin}}(t)$、$H_{\mathrm{wmax}}(t)$ 分别为 t 时段的供水最低水位和供水最高水位，m，$H_{\mathrm{wmin}}(t) \geqslant H_{\mathrm{dmin}}(t)$，$H_{\mathrm{wmax}}(t) \leqslant H_{\mathrm{dmax}}(t)$。

（2）流量约束条件为

$$\begin{cases} Q_{\mathrm{wmin}}(t) \leqslant Q_{\mathrm{w}}(t) \leqslant Q_{\mathrm{wmax}}(t) \\ Q_{\mathrm{e}}(t) + Q_{\mathrm{w}}(t) + Q_{\mathrm{k}}(t) \geqslant Q_{\mathrm{zmin}}(t) \end{cases} \tag{6.13}$$

式中：$Q_{\mathrm{wmin}}(t)$、$Q_{\mathrm{wmax}}(t)$ 为枢纽工程在 t 时段的最小供水水量和最大供水水量；$Q_{\mathrm{zmin}}(t)$ 为水库在时段 t 内的综合用水最小流量。

6.3 综合利用水利工程 PPP 项目的联合收益损失

综合利用水利工程 PPP 项目特许经营期内的发电用水量和供水水量之间存在相关关系，当供水系统自库内供水时，发电用水量和供水水量存在着“此消彼长”的负相关关系，当供水系统采用坝后供水时，发电用水量和供水水量存在着正相关关系，可以运用度量变量间相依结构关系的 Copula 函数理论来分析发电收益和供水收益的联合收益损失。在此，首先对 Copula 函数的相关理论进行简单分析。

6.3.1 Copula 函数理论

“Copula”源于拉丁文“Copulare”，意思是“连接、联系”，是连接一维边际分布形成在［0，1］上的多元分布函数，也是多元极值理论相依性函数的度量方法。1959 年，Sklar 形成了现代 Copulas 理论，通过将多个随机变量的任何类型边缘分布“连接”起来得到联合分布[212]。该理论首先被广泛应用于金融、保险、风险评估与决策等领域，用来度量变量间的相依性结构和联合概率分布计算。

6.3.1.1 Copula 函数的定义和性质

1. Copula 函数的定义

（1）称 n 元实函数 C：$I^n \to I$ 是一个 n 维 Copula 函数，若满足：

1）对任意的 $u \in I^n$，有：$C(u)=0$，若 u 中存在一个分量为 0；$C(u)=u_k$，若 u 的分量中除 u_k 外，其余均为 1。

2）C 是 n 维增长的：对任意的 a、$b \in I^n$，若 $a \leqslant b$，则 $\sum\limits_{i_1=1}^{2} \cdots \sum\limits_{i_n=1}^{2} (-1)^{i_1+i_2+\cdots+i_n} C(u_{1i_1}, u_{2i_2}, \cdots, u_{ni_n}) \geqslant 0$，其中 $u_{j1}=a_j, u_{j2}=b_j, \forall j \in \{1,2,\cdots,n\}$。

（2）n 维 Sklar 定理。设 $F(x_1,x_2,\cdots,x_n)$ 为 n 维随机变量 $X_1,X_2,\cdots,X_n$ 的联合分布函数，$F_1(x_1),F_2(x_2),\cdots,F_n(x_n)$ 为 $X_1,X_2,\cdots,X_n$ 的边缘分布函数，对于任意的 $X_i \in [0,1]^n$，存在一个 n 维 Copula 函数 $C(u_1,u_2,\cdots,u_n)$，使得

$$F(x_1,x_2,\cdots,x_n) = C[F_1(x_1),F_2(x_2),\cdots,F_n(x_n)] \tag{6.14}$$

如果 $F_1(x_1),F_2(x_2),\cdots,F_n(x_n)$都连续，则 Copula 函数 $C(u_1,u_2,\cdots,u_n)$是唯一的；否则，Copula 函数 $C(u_1,u_2,\cdots,u_n)$在 $\mathrm{Ran}F_1\times\mathrm{Ran}F_2\times\cdots\times\mathrm{Ran}F_n$ 上是唯一的。

相反，如果 $C(u_1,u_2,\cdots,u_n)$是 n 维 Copula 函数，$F_1(x_1),F_2(x_2),\cdots,F_n(x_n)$是分布函数，则 $F(x_1,x_2,\cdots,x_n)$是一个联合分布函数，且边缘分布函数分别为 $F_1(x_1),F_2(x_2),\cdots,F_n(x_n)$。

对式（6.14）两边求导，可得

$$f(x_1,x_2,\cdots,x_n)=c[F_1(x_1),F_2(x_2),\cdots,F_n(x_n)]\prod_{i=1}^{n}f_i(x_i) \tag{6.15}$$

其中：$c(u_1,u_2,\cdots,u_n)=\dfrac{\partial C(u_1,\ u_2,\ \cdots,\ u_n)}{\partial u_1\partial u_2\cdots\partial u_n}$，$u_i=F_i(x_i)$，$f$、$c$ 和 f_i 分别为分布函数 F、C 和 F_i 对应的概率密度函数。

Sklar 定理表明，Copula 函数的重要特性就是对随机变量的严格单调增变换是不变的。因此，可以在估计单变量边缘概率分布 F_1，F_2，…，F_n 和 Copula 函数的基础上，构建多变量联合概率分布，其中 Copula 函数仅反映了随机变量之间的与任意随机变量的度量单位无关的相关性结构。随机变量的信息实质上蕴含于边缘概率分布中，且在转换过程中不会发生信息缺失或变更。

2. Copula 函数的性质

(1) 对于 [0，1] 上任意的 u、v，$C(u,v)$满足：

$$\max(u+v-1,0)\leqslant C(u,v)\leqslant\min(u,v) \tag{6.16}$$

(2) 设 $X_1,X_2,\cdots,X_m$ 是随机变量，$F_1(x_1),F_2(x_2),\cdots,F_m(x_m)$是对应的分布函数，联合分布函数为 $F(x_1,x_2,\cdots,x_m)$，$u_i=F_i(x_i)$（其中 $i=1,2,\cdots,m$）。若 X_1，X_2，…，X_m 相互独立，则 $F(x_1,x_2,\cdots,x_m)=\prod_{i=1}^{m}F_i(x_i)$，且 $C(u_1,u_2,\cdots,u_m)$称为独立，即 $C(u_1,u_2,\cdots,u_m)=\prod_{i=1}^{m}u_i$。

(3) 设连续随机变量 X 和 Y，相应的 Copula 为 C_{XY}，若 g 和 h 为定义在 $\mathrm{Ran}X$ 和 $\mathrm{Ran}Y$ 上严格单调函数，则有以下性质：

1）若 g 和 h 都为严格增函数，则有 $C_{g(X)h(Y)}=C_{gh}$。

2）若 g 为严格增函数，h 为严格减函数，则有 $C_{g(X)h(Y)}(u,v)=u-C_{XY}(u,1-v)$。

3）若 g 为严格减函数，h 为严格增函数，则有 $C_{g(X)h(Y)}(u,v)=v-C_{XY}(1-u,v)$。

4）若 g 和 h 都为严格减函数，则有 $C_{g(X)h(Y)}(u,v)=u+v-1+C_{XY}(1-u,1-v)$。

(4) 设 u_1、u_2、v_1、$v_2 \in [0, 1]$，则有 $|C(u_2,v_2)-C(u_1,v_1)| \leqslant |u_2-u_1| + |v_2-v_1|$。

作为一种研究变量间相关模式和相关程度的方法，Copula 函数能够把多维随机变量 $X_1,X_2,\cdots,X_n$ 的联合分布 $F(x_1,x_2,\cdots x_n)$ 与他们各自的边缘分布 $F_1(x_1),F_2(x_2),\cdots,F_n(x_n)$ 相连接，可以较好地描述具有时变、非对称、非线性相关的多变量之间的相关性。

6.3.1.2 常见的 Copula 函数及其形式

Copula 函数种类较多，常用的包括阿基米德（Archimedean）Copula 函数、椭圆形（Elliptical）Copula 函数、Plackett Copula 函数、经验 Copula 函数和藤（Vine）Copula 函数。其中阿基米德 Copula 函数和椭圆形 Copula 函数应用最为广泛。

1. 阿基米德 Copula 函数

阿基米德 Copula 函数可由一个严格单调递减的凸函数 ϕ 产生，称 ϕ 是阿基米德 Copula 的生成元。$\phi(x):I\rightarrow[0,\infty]$，满足 $\lim_{\varepsilon\to 0}\phi(\varepsilon)=\infty$，且 $\phi(1)=0$。令 φ^{-1} 代表 ϕ 的伪逆：若 $x\in[0,\phi(0)]$，则 $\varphi^{-1}(x)=\varphi(x)$；若 $x\geqslant\varphi(0)$，则 $\varphi^{-1}(x)=0$。二维单参数阿基米德 Copula 函数的表达式为

$$C(u,v)=\varphi^{-1}[\varphi(u)+\varphi(v)] \tag{6.17}$$

常见的两变量阿基米德 Copula 函数表达式及其参数 θ 与 Kendall 秩相关系数 τ 的关系见表 6.1。阿基米德 Copula 函数具有形式简单、参数单一和求解容易等优点。以 Gumbel - Hougaard Copula 函数为例，其两变量 Copula 函数表达式为

$$C(u,v)=\exp\{-[(-\ln u)^{\theta}+(-\ln v)^{\theta}]^{1/\theta}\},\theta\in[1,\infty) \tag{6.18}$$

式中：u、v 为边缘分布函数，如洪峰 Q、洪量 W 的分布函数 $u=F_Q(q)$ 和 $v=F_W(w)$。

Gumbel - Hougaard Copula 函数的参数 θ 与 Kendall 秩相关系数 τ 的关系为

$$\tau=1-\frac{1}{\theta} \tag{6.19}$$

其中，Gumbel - Hougaard Copula 函数的上尾相关系数为 $2-2^{1/\theta}$，下尾相关系数为 0，适合描述具有上尾相关性的变量；Clayton Copula 函数的上尾相关系数为 0，下尾相关系数为 $2^{-1/\theta}$，适合描述具有下尾相关性的变量；Frank Copula 函数是具有对称性的相关函数，其上、下尾相关系数均为 0，适合描述不存在尾部相关性的变量[213]。

2. 椭圆形 Copula 函数

椭圆形 Copula 函数源于正态多元分布函数扩展而来的椭圆分布函数。椭圆分布的密度函数表示为

$$f(x)=|\Sigma|^{-\frac{1}{2}}g[(x-u)'\Sigma^{-1}(x-u)],\ x\in R^d \tag{6.20}$$

其中，Σ 是对称的半正定矩阵，u 是位置参数，函数 g：$[0,\infty)\rightarrow[0,\infty)$

称为“密度因子”，可用来生产各种椭圆分布。

基于Sklar定理，由椭圆分布生成的Copula函数即为椭圆形Copula函数。两变量椭圆形Copula函数可表示为

$$C(u,v)=F[F_U^{-1}(u),F_V^{-1}(v)] \tag{6.21}$$

其中F是由式（6.20）生成的联合分布函数。

常用的椭圆形Copula函数包括Gaussian Copula函数和Student t Copula函数，其函数表达式和密度函数见表6.2。椭圆形Copula函数的上尾相关系数和下尾相关系数相等，使得椭圆形Copula函数在描述两个随机变量具有不同的上、下尾变化规律时，受到一定限制。

6.3.1.3 Copula函数的参数估计

Copula函数的估计分为参数估计和非参数估计。参数估计主要对Copula函数的未知参数进行估计，而把边缘分布中的未知参数作为讨厌参数处理；非参数估计主要是估计Copula函数或密度。

Copula函数的参数估计方法有多种：二维阿基米德Copula函数可根据Kendall秩相关系数τ与Copula参数的函数关系间接求得估计参数；二维以上的阿基米德Copula函数可采用极大似然法估计参数，椭圆形Copula函数可运用线性相关性系数矩阵估计参数，也可用极大似然法估计。

1. Kendall相关系数法

对于连续随机向量（X，Y）的n个观测样本$\{(x_1,y_1),(x_2,y_2),\cdots,(x_n,y_n)\}$，则有$C_n^2$个不同数据对$\{(x_i,y_i),(x_j,y_j)\}$。令$c$表示一致的数据对，$d$表示非一致的数据对，则$c+d=C_n^2$，Kendall相关系数$\tau$定义为

$$\tau=\frac{c-d}{c+d}=\frac{c-d}{C_n^2} \tag{6.22}$$

相关性度量在边际分布的增变换下是保持不变的，因此Kendall相关系数τ仅取决于（x，y）的Copula函数决定的相关结构。

对于二维连续性随机变量，Kendall相关系数τ可表示为$\tau=2\Pr\{(x_1-x_2)(y_1-y_2)>0\}-1$，其Copula函数表达式为$\tau(C)=4\iint C(u,v)\mathrm{d}C(u,v)-1$。Kendall相关系数$\tau\in[-1,1]$，当$\tau=1$时，两个随机变量拥有一致的等级相关性；当$\tau=-1$时，两个随机变量拥有完全相反的等级相关性；当两个随机变量是相互独立时，$\tau=0$。但是变量不独立时，x的变化与y的变化一半是一致、一半是反一致时，τ也可能为0，不能够判断其是否相关。

对于Gumbel - Hougaard、Clayton、Frank和Ali - Mikhai - Haq等二维对称阿基米德Copula函数，均可以根据其参数θ与Kendall相关系数τ的解析关系（表6.1）直接求得相应Copula函数的参数估计值。

表 6.1 常见的两变量阿基米德 Copula 函数表达式及其参数 θ 与 Kendall 秩相关系数 τ 的关系

Copula 函数类型	Copula 函数表达式	Copula 函数的密度函数	参数 θ 范围	参数 θ 与 τ 的关系
Gumbel - Hougaard	$C(u,v)=\exp\{-[(-\ln u)^{\theta}+(-\ln v)^{\theta}]^{1/\theta}\}$	$c(u,v;\theta)=\dfrac{(\ln u\cdot\ln v)^{\theta-1}\{[(-\ln u)^{\theta}+(-\ln v)^{\theta}]^{1/\theta}+\theta-1\}}{uv[(-\ln u)^{\theta}+(-\ln v)^{\theta}]^{2-1/\theta}}$	$\theta\in[1,\infty)$	$\tau=1-\theta^{-1}$
Clayton	$C(u,v)=(u^{-\theta}+v^{-\theta}-1)^{-1/\theta}$	$c(u,v;\theta)=(1+\theta)(uv)^{-\theta-1}(u^{-\theta}+v^{-\theta}-1)^{-2-1/\theta}$	$\theta\in[0,\infty)$	$\tau=\theta/(\theta+2)$
Frank	$C(u,v)=-\dfrac{1}{\theta}\ln\left[1+\dfrac{(e^{-\theta u}-1)(e^{-\theta v}-1)}{e^{-\theta}-1}\right]$	$c(u,v;\theta)=\dfrac{-\theta(e^{-\theta}-1)e^{-\theta(u+v)}}{[(e^{-\theta}-1)+(e^{-\theta u}-1)(e^{-\theta v}-1)]^{2}}$	$\theta\in[-1,1)$	$\tau=1+\dfrac{4}{\theta}\left[\dfrac{1}{\theta}\int_{0}^{\theta}\dfrac{t}{\exp(t)-1}\mathrm{d}t-1\right]$
Ali - Mikhai - Haq	$C(u,v)=uv/[1-\theta(1-u)(1-v)]$	$c(u,v;\theta)=\dfrac{\theta^{2}(u+v-uv-1)-\theta(u+v-uv-2)-1}{[\theta(u-1)(v-1)-1]^{3}}$	$\theta\in R$	$\tau=\left(1-\dfrac{2}{3\theta}\right)-\dfrac{2}{3}\left(1-\dfrac{1}{\theta}\right)^{2}\ln(1-\theta)$

表 6.2 两变量椭圆形 Copula 函数表达式及其密度函数

Copula 函数类型	Copula 函数表达式	Copula 函数的密度函数
Gaussian	$C(u,v;\rho)=\int_{-\infty}^{\Phi^{-1}(u)}\int_{-\infty}^{\Phi^{-1}(v)}\dfrac{1}{2\pi\sqrt{1-\rho^{2}}}\exp\left[-\dfrac{m^{2}-2\rho mn+n^{2}}{2(1-\rho^{2})}\right]\mathrm{d}m\mathrm{d}n$	$c(u,v;\rho)=\dfrac{1}{\sqrt{1-\rho^{2}}}\exp\left[-\dfrac{\Phi^{-1}(u)^{2}+\Phi^{-1}(v)^{2}-2\rho\Phi^{-1}(u)\Phi^{-1}(v)}{2(1-\rho^{2})}\right]\times\exp\left[-\dfrac{\Phi^{-1}(u)^{2}\Phi^{-1}(v)^{2}}{2}\right]$
Student t	$C(u,v;\rho,\upsilon)=\int_{-\infty}^{T_{\upsilon}^{-1}(u)}\int_{-\infty}^{T_{\upsilon}^{-1}(v)}\dfrac{1}{2\pi\sqrt{1-\rho^{2}}}\exp\left[1+\dfrac{m^{2}-2\rho mn+n^{2}}{\upsilon(1-\rho^{2})}\right]^{-\frac{\upsilon+2}{2}}\mathrm{d}m\mathrm{d}n$	$c(u,v;\rho,\upsilon)=\rho^{-\frac{1}{2}}\dfrac{\Gamma\left(\frac{\upsilon+2}{2}\right)\Gamma\left(\frac{\upsilon}{2}\right)}{\left[\Gamma\left(\frac{\upsilon+1}{2}\right)\right]^{2}}\dfrac{\left[1+\dfrac{\zeta_1^{2}-\rho\zeta_1\zeta_2+\zeta_2^{2}}{\upsilon(1-\rho^{2})}\right]^{-\frac{\upsilon+2}{2}}}{\prod_{i=1}^{2}\left(1+\dfrac{\zeta_i^{2}}{\upsilon}\right)^{-\frac{\upsilon+2}{2}}}$

2. 极大似然估计法

假设 n 维样本 $(x_{1\chi},x_{2\chi},\cdots,x_{n\chi})$，$\chi=1,2,\cdots,m$，边际分布为 $F_1(x_1)$，$F_2(x_2),\cdots,F_n(x_n)$，联合密度函数为 $f(x_1,x_1,\cdots,x_n)$，联合分布函数为 $F(x_1,x_1,\cdots,x_n)$，θ 为Copula函数参数向量。用于估计Copula函数参数的极大似然法分为一阶段极大似然法、两阶段极大似然法和半参数极大似然法。

(1) 一阶段极大似然法。一阶段极大似然法利用一个似然函数同时估计边缘分布和Copula函数的参数。设 n 个单变量的分布为 $u_i=\hat{F}_i(x_i)$，α_i 为边际分布参数，$i=1,2,\cdots,n$，由 $f(x_1,x_2,\cdots,x_n)=c(u_1,u_2,\cdots,u_n)\prod_{i=1}^{n}f_i(x_i)$，则Copula对数似然函数为

$$
\begin{aligned}
\ln L(x_1,x_2,\cdots,x_n;\alpha_1,\alpha_2,\cdots,\alpha_n,\theta)=&\sum_{\chi=1}^{m}\Big[\sum_{i=1}^{n}\ln f_i(x_{i\chi};\alpha_1,\alpha_2,\cdots,\alpha_n,\theta)\Big]\\
&+\ln c[\hat{F}_1(x_{1\chi};\alpha_1),\hat{F}_2(x_{2\chi};\alpha_2),\cdots,\\
&\hat{F}_n(x_{n\chi};\alpha_n);\alpha_1,\alpha_2,\cdots,\alpha_n,\theta]
\end{aligned}
\tag{6.23}
$$

根据极值原理，有 $(\hat{\alpha}_1,\hat{\alpha}_2,\cdots,\hat{\alpha}_n,\hat{\theta})=\mathrm{argmax}L(x_1,x_2,\cdots,x_n;\alpha_1,\alpha_2,\cdots,\alpha_n,\theta)$。

(2) 两阶段极大似然法。两阶段极大似然法通过建立两个似然函数，分别估计边缘分布参数和Copula函数参数。其具体步骤为：

1) 建立边缘分布的对数似然函数为

$$
\ln L(x_1,x_2,\cdots,x_n;\alpha_1,\alpha_2,\cdots,\alpha_n)=\sum_{t=1}^{m}\ln f(x_{i\chi};\alpha_i)
\tag{6.24}
$$

α_i 通过 $\hat{\alpha}_i=\mathrm{argmax}\ln L(\alpha_i)$ 计算，即 $\dfrac{\partial\ln L(x_1,x_2,\cdots,x_n;\alpha_1,\alpha_2,\cdots,\alpha_n)}{\partial\alpha_i}=0$。

2) 建立Copula对数似然函数为

$$
\begin{aligned}
&\ln L(x_1,x_2,\cdots,x_n;\hat{\alpha}_1,\hat{\alpha}_2,\cdots,\hat{\alpha}_n,\theta)\\
&=\sum_{t=1}^{m}\ln c[\hat{F}_1(x_{1\chi};\alpha_1),\hat{F}_2(x_{2\chi};\alpha_2),\cdots,\hat{F}_n(x_{n\chi};\alpha_n),\theta]
\end{aligned}
\tag{6.25}
$$

将式(6.16)最大化，使 $\hat{\theta}=\mathrm{argmax}\ln L(x_1,x_2,\cdots,x_n;\hat{\alpha}_1,\hat{\alpha}_2,\cdots,\hat{\alpha}_n,\theta)$，即 $\dfrac{\partial\ln L(x_1,x_2,\cdots,x_n;\hat{\alpha}_1,\hat{\alpha}_2,\cdots,\hat{\alpha}_n,\theta)}{\partial\theta}=0$。

(3) 半参数极大似然法。考虑到边缘分布参数对Copula函数参数的影响，半参数极大似然法采用经验边缘分布值代替理论边缘分布值，带入似然函数中进行计算。半参数极大似然法的对数似然函数可表示为

$$
\ln L(x_1,x_2,\cdots,x_n;\alpha_1,\alpha_2,\cdots,\alpha_n,\theta)=\sum_{i=1}^{n}\ln c(\hat{u}_1,\hat{u}_2,\cdots,\hat{u}_n;\theta)
\tag{6.26}
$$

式中：c 为Copula函数的概率密度函数；$\hat{u}_1,\hat{u}_2,\cdots,\hat{u}_n$ 为边缘分布的经验频率，其计算式为 $\hat{u}_i=(m-0.44)/N+0.12$。

利用式（6.26）将似然函数关于参数 θ 最大化，即可得到Copula函数参数向量 θ 的评估值 $\hat{\theta}$。

$$L(\hat{\alpha}_1,\hat{\alpha}_2,\cdots,\hat{\alpha}_d;\theta)=\max\left\{\frac{1}{n}\sum_{t=1}^{n}\ln c\left[\hat{F}_1(x_{1t};\hat{\alpha}_1),\hat{F}_2(x_{2t};\hat{\alpha}_2),\cdots,\hat{F}_d(x_{dt};\hat{\alpha}_d);\theta\right]\right\} \tag{6.27}$$

6.3.1.4 Copula函数的拟合评价

选择合适的Copula函数对于准确地描述变量相关关系具有重要的指导作用。常用的Copula函数选择标准包括均方根误差法、AIC法、BIC法和 L^2 距离最小法等。

1. *均方根误差法*

均方根误差法定量地评估了拟合误差大小，其统计量表示为

$$\mathrm{RMSE}=\sqrt{\frac{1}{n}\sum_{i=1}^{n}\left[P_c(i)-P_0(i)\right]^2} \tag{6.28}$$

式中：n 为样本容量；P_c 为Copula多元联合分布计算统计量；P_0 为多元联合分布经验值。

2. AIC *法*

AIC（赤池信息准则）是建立在信息度量基础上的判断方法，该准则既能反映经验频率与理论频率的拟合效果，还能体现Copula函数参数个数所导致的不稳定性，适用于检验利用极大似然估计法得到的Copula函数模型。AIC统计量表示为

$$\mathrm{AIC}=n\ln(\mathrm{MSE})+2m \tag{6.29}$$

式中：$\mathrm{MSE}=E(P_c-P_0)^2=\frac{1}{n-m}\sum_{i=1}^{n}\left[P_c(i)-P_0(i)\right]^2$；$m$ 为Copula函数参数估计值。

3. BIC *法*

BIC（贝叶斯信息准则）能够更好地反映过度估计的Copula函数模型。BIC统计量表示为

$$\mathrm{BIC}=n\ln(\mathrm{MSE})+m\ln n \tag{6.30}$$

同理，BIC值越小，Copula函数的拟合效果越好。

4. L^2 *距离最小法*

L^2 距离最小法考虑Copula函数与相应经验Copula函数的距离最小为最优。基于离散化的 L^2 范数距离最小法统计量可表示为

$$d_n(\hat{C}_n, C_k) = \| \hat{C}_n - C_k \|_{L^2} = \frac{1}{n} \left| \sum_{j_1=1}^{n} \sum_{j_2=1}^{n} \left[\hat{C}_n\left(\frac{j_1}{n}, \frac{j_2}{n}\right) - C_k\left(\frac{j_1}{n}, \frac{j_2}{n}\right) \right]^2 \right|^{1/2} \tag{6.31}$$

其中，$\hat{C}_n\left(\frac{j_1}{n}, \frac{j_2}{n}\right) = \frac{1}{n}\sum_{k-1}^{n}\chi(r_1^k \leqslant j_1)\chi(r_2^k \leqslant j_2)$，$\chi(x)$ 是示性函数，$C_k \in \overline{C}$。

6.3.1.5 Copula 函数的拟合度检验

拟合度检验的目的是进一步判断选定的 Copula 函数是否合适，能否正确描述水文变量之间的相关性结构。这方面目前还缺乏完全成熟和统一的方法以 Anderson - Darling（A—D）检验统计量 A_n^2 为例，推导并给出基于 Rosenblatt 变换和随机模拟的二维 Copula 函数拟合度检验方法与步骤如下[214]：

（1）计算经验边缘概率分布 $F_X(X)$ 和 $F_Y(Y)$。

（2）以 Φ 表示标准正态概率分布函数，计算 $S(X, Y)$，其服从自由度为 2 的 χ_2^2 分布。

$$S(X,Y) = \{\Phi^{-1}[F_X(X)]\}^2 + [\Phi^{-1}\{C[F_Y(Y) \mid F_X(X)]\}]^2 \tag{6.32}$$

（3）计算 Anderson - Darling（A—D）检验统计量 A_n^2。

$$A_n^2 = -n - \frac{1}{n}\sum_{j=1}^{n}(2j-1)[\ln(F_0(S_{(j)}) + \ln(1 - F_0(S_{(n-j+1)})))] \tag{6.33}$$

式中：$S_j = S(X_j, Y_j)$，$j = 1, \cdots, n$；$S_{(1)} \leqslant \cdots \leqslant S_{(n)}$ 为升序排列后的值；F_0 为 χ_2^2 分布函数。

（4）根据观测样本值序列 $(x_1, y_1), (x_2, y_2), \cdots, (x_n, y_n)$ 估计 Copula 函数的参数 $\hat{\theta}$。

（5）通过模拟相应 Copula 函数，获得独立同分布的随机样本 (x_1^*, y_1^*)，$(x_2^*, y_2^*), \cdots, (x_n^*, y_n^*)$。

（6）根据随机样本序列 $(x_1^*, y_1^*), (x_2^*, y_2^*), \cdots, (x_n^*, y_n^*)$ 重新估计 Copula 函数的参数 $\hat{\theta}$。

（7）计算 $S^*(X^*, Y^*)$，将 S_j^* 进行升序排列 $S_{(1)}^* \leqslant \cdots \leqslant S_{(n)}^*$ 并计算 Anderson - Darling（A—D）检验统计量 $A_n^{2(*)}$。

（8）重复步骤（5）、（6）、（7）K 次，可得到检验统计量系列值 $A_n^{2(*1)}$，$A_n^{2(*2)}, \cdots, A_n^{2(*K)}$，通过排频确定 $1-\alpha$ 分位点的临界检验值 $A_n^{2(**)}$。

（9）比较观测样本值统计量 A_n^2 与临界检验值 $A_n^{2(**)}$ 的大小关系，确定是否通过检验。

上述方法与步骤适用于 Gumbel - Hougaard、Clayton、Frank 和 Ali - Mikhai - Haq 等二维对称阿基米德 Copula 函数的拟合度检验。实际应用中，通

常取模拟次数 $K\geqslant 5000$，并按照上述步骤（1）～（9）进行测算。当 $A_n^2\leqslant A_n^{2(**)}$ 时即为通过拟合度检验，所选择的 Copula 函数可以用来构造两变量联合概率分布模型；当 $A_n^2>A_n^{2(**)}$ 时，则认为选择的 Copula 函数可能不合适，需要选用其他 Copula 函数，并经检验通过后方可进行建模。

6.3.2　边缘分布和相关系数

综合利用水利工程 PPP 项目的发电用水流量 Q_e 和供水水量 Q_w 之间存在着负相关关系，因此可以通过数值模拟获得发电用水流量 Q_e 和供水水量 Q_w 的边缘分布，选择合适的 Copula 函数构建发电收益损失 L_e 和供水收益损失 L_w 的联合概率分布，计算发电收益和供水收益的联合收益损失值。

6.3.2.1　边缘分布类型

对于发电用水流量 Q_f 和供水水量 Q_g，分别选择广义极值分布和对数正态分布作为其理论边缘分布，并估算相应边缘分布概率。

1. 广义极值分布（GEV）

广义极值分布的概率密度和分布函数分别为

$$f(x)=\frac{1}{a}\left[1-k\left(\frac{x-u}{a}\right)\right]^{1/k-1}e^{-\left[1-k\left(\frac{x-u}{a}\right)\right]^{1/k}} \tag{6.34}$$

$$F(x)=\exp\left\{-\left[1-k\left(\frac{x-u}{a}\right)\right]^{1/k}\right\} \tag{6.35}$$

式中：u、a、k 为位置参数、尺度参数和形状参数。

联立并求解以下方程组，可得广义极值分布参数的极大似然估计值为

$$-\frac{\partial \log L}{\partial u}=\frac{Q}{a}=0 \tag{6.36}$$

$$-\frac{\partial \log L}{\partial a}=\frac{1}{a}\frac{P+Q}{k}=0 \tag{6.37}$$

$$-\frac{\partial \log L}{\partial k}=\frac{1}{k}\left(R-\frac{P+Q}{k}\right)=0 \tag{6.38}$$

其中

$$P=N-\sum_{i=1}^{N}e^{-y_i}$$

$$Q=\sum_{i=1}^{N}e^{-y_i+ky_i}-(1-k)\sum_{i=1}^{N}e^{ky_i}$$

$$R=N-\sum_{i=1}^{N}y_i+\sum_{i=1}^{N}y_i e^{-y_i}$$

2. 对数正态分布（LN2）

对数正态分布的概率密度函数为

$$f(x)=\frac{1}{x\sigma_y\sqrt{2\pi}}\exp\left[\frac{-(\log x-\mu_y)^2}{2\sigma_y^2}\right] \tag{6.39}$$

式中：μ_y、σ_y 为原系列 x 取自然对数（$y=\log x$）后形成新序列 y 的均值和标准差。

采用极大似然法估计参数 μ_y 和 σ_y，相应估计值为

$$\hat{\mu}_y=\frac{1}{N}\sum_{i=1}^{N}\log x_i \tag{6.40}$$

$$\hat{\sigma}_y^2=\frac{1}{N}\sum_{i=1}^{N}(\log x_i-\hat{\mu}_y)^2 \tag{6.41}$$

6.3.2.2 相关系数

选择 Pearson 线性相关系数 γ_n、Spearman 秩相关系数 ρ_n 和 Kendall 秩相关系数 τ_n 描述电收益损失 L_e 和供水收益损失 L_w 的相依关系。

（1）Pearson 线性相关系数 γ_n 为

$$\gamma_n=\frac{\sum_{i=1}^{n}(x_i-\overline{x})(y_i-\overline{y})}{n\sqrt{S_x^2S_y^2}} \tag{6.42}$$

式中：$\overline{x}$、$\overline{y}$ 为样本均值；S_x^2、S_y^2 为样本方差。

（2）Spearman 秩相关系数 ρ_n 为

$$\rho_n=\frac{12}{n(n-1)(n+1)}\sum_{i=1}^{n}R_iS_i-3\frac{n+1}{n-1} \tag{6.43}$$

式中：R_i、S_i 为 x_i、y_i 的秩（在样本 $x_1,\cdots,x_n$ 和 $y_1,\cdots,y_n$ 中的次序）。

（3）Kendall 秩相关系数 τ_n 为

$$\tau_n=\frac{P_n-Q_n}{\binom{n}{2}}=\frac{4}{n(n-1)}P_n-1 \tag{6.44}$$

式中：P_n、Q_n 为两样本一致和不一致的组数，对于二元样本组（x_i，y_i）和（x_j，y_j），若满足（x_i-x_j）（y_i-y_j）>0 则称其为一致的，否则为不一致。

上述相关系数的取值介于［−1，1］，其绝对值越接近 1，则表示相关程度越高；相关系数为正值，代表正相关关系，负值则代表负相关关系。其中，Pearson 线性相关系数 γ_n 仅能反映变量间的线性相关程度；而 Spearman 秩相关系数 ρ_n 和 Kendall 秩相关系数 τ_n 能在一定程度上反映变量间的非线性相关关系。

6.3.3 发电收益和供水收益的联合收益损失

在优选确定发电收益损失 L_e 和供水收益损失 L_w 最优边缘分布类型及分布函数 $F_E(e)$ 和 $F_W(w)$ 的基础上，根据二维 Copula 函数构建相应的两变量联合

概率分布模型为

$$F_{E,W}(e,w)=C[F_E(e),F_W(w)]=C(\mu_1,\mu_2) \tag{6.45}$$

式中：$F_{E,W}(e,w)$为发电收益损失 L_e 和供水收益损失 L_w 的联合概率分布函数，$C(u_1,u_2)$为二维 Copula 函数，且 $\mu_1=F_E(e)$，$\mu_2=F_W(w)$。

以二维对称阿基米德型 Frank Copula 函数为例，其分布函数表达式为

$$C(u,v)=-\frac{1}{\theta}\ln\left[1+\frac{(e^{-\theta u}-1)(e^{-\theta v}-1)}{e^{-\theta}-1}\right],\theta\in R \tag{6.46}$$

Frank Copula 函数参数 θ 与 Kendall 秩相关系数 τ 的解析关系为

$$\tau=1+\frac{4}{\theta}\left[\frac{1}{\theta}\int_0^\theta \frac{t}{\exp(t)-1}\mathrm{d}t-1\right] \tag{6.47}$$

应用 Frank Copula 函数，则有发电收益损失 L_e 和供水收益损失 L_w 的联合概率分布为

$$F_{E,W}(e,w)=P(E\leqslant e,W\leqslant w)=C[F_E(e),F_W(w)] \tag{6.48}$$

其联合超过概率为

$$P(E>e\cup W>w)=1-C[F_E(e),F_W(w)] \tag{6.49}$$

相应两变量联合重现期计算公式为

$$T_{EW}=\frac{1}{1-C[F_E(e),F_W(w)]} \tag{6.50}$$

式中：$C(\cdot)$ 代表 Frank Copula 函数；T_{EW} 代表发电收益损失 L_e 和供水收益损失 L_w 的联合重现期，即连续发生发电收益损失 L_e 或供水收益损失 L_w 超过特定阈值相应事件的期望时间间隔。

6.4 综合利用水利工程 PPP 项目的收益损失模型

根据上述分析结果可知，综合利用水利工程 PPP 项目的公益性应急调度、丰水年灌溉需水量减少、重大公共活动引起运行调度规则调整等造成的收益损失除了发电收益和供水收益（含灌溉收益）的联合收益损失外，还包括公益性应急调度和调整运行规则等造成的运行调度成本增加。

综合利用水利工程 PPP 项目的运行调度成本增加采用实际总费用法进行核算，以运行调度规则调整后 PPP 项目公司实施运行调度所支付的实际开支为依据，以运行调度规则调整后的运行调度直接支出和间接支出总和与运行调度调整前的直接支出和间接支出总和的差额，加上合理化利润作为运行调度的成本增加量。

综合利用水利工程 PPP 项目的运行调度成本增加量可表示为

$$L_o=(1+\lambda)(C_a+C_b) \tag{6.51}$$

式中：L_o 为运行调度规整调整导致的 PPP 项目公司成本增加量；C_a、C_b 为运

行调度规则调整导致的 PPP 项目公司运营直接成本和间接成本增加量；λ 为 PPP 项目合同约定的合理化利润率。

因此综合利用水利工程 PPP 项目的收益损失计算函数可表示为

$$L = C(L_e, L_w) + L_o = C(L_e, L_w) + (1+\lambda)(C_a + C_b) \tag{6.52}$$

式中：$C(L_e, L_w)$为发电收益和供水收益的联合损失值；L_o 为运行调度规整调整导致的 PPP 项目成本增加量。

6.5 本章小结

本章探讨了收益损失的概念性过程，分析了超标准洪水防洪调度、区域干旱应急调水和区域洪涝应急防洪等公益性应急调度时的 PPP 项目收益损失，研究了丰水年灌溉需水量减少和重大公共活动引起运行调度规则调整导致的 PPP 项目收益损失，梳理了发电收益损失和供水收益损失的量化思路，基于 Copula 函数理论研究了发电收益和供水收益的联合收益损失，构建了综合利用水利工程 PPP 项目的收益损失计算模型。

(1) 梳理了收益损失的概念性过程特征，研究了实施超标准洪水防洪调度、区域干旱应急调水和区域洪涝应急防洪等，公益性应急调度时的运行调度规则与 PPP 合同签约运行调度规则存在差异导致的 PPP 项目收益损失，分析了丰水年灌溉需水量减少和重大公共活动引起运行调度规则调整造成的 PPP 项目收益损失。

(2) 研究了综合利用水利工程 PPP 项目特许经营收益损失量化的修正总费用法，分析了发电收益损失和供水收益损失的函数模型及其约束条件。

(3) 基于发电用水量和供水水量之间的相关关系，在优选确定发电收益损失和供水收益损失的边缘分布函数的基础上，运用 Copula 函数分析了发电收益和供水收益的联合收益损失，构建了综合利用水利工程 PPP 项目的收益损失计算模型。

第 7 章

综合利用水利工程 PPP 项目的收益损失补偿

本章在第 6 章研究综合利用水利工程 PPP 项目的收益损失计算模型基础上，分析水利工程 PPP 项目的柔性调节机制，研究收益损失补偿的必要性、可行性和基本原则，设计收益损失的触发补偿模型，建立收益损失的补偿博弈模型，构建综合利用水利工程 PPP 项目“BOOT＋BTO”运作模式下的收益损失补偿方法。

7.1　水利工程 PPP 项目的柔性调节机制

综合利用水利工程 PPP 项目具有水利工程 PPP 项目的合同柔性特征，其合同机制设计不可能考虑到项目实施过程中的各种风险事件及其影响，特别是运行调度规则的调整必然会导致项目的收益损失，PPP 项目合同缺少对运行调度规则调整的风险分担约定时，容易导致风险损失分担责任界定困难进而影响项目的健康运行。因此，本书首先对水利工程 PPP 项目的合同柔性特征和柔性调节机制进行研究，并在此基础上分析综合利用水利工程 PPP 项目的收益损失补偿方法。

7.1.1　水利工程 PPP 项目的合同柔性

水利工程 PPP 项目中，政府通过特许经营协议将水利工程的建设运营委托给社会资本，政府作为水利工程项目的发起者、所有者和监督者，扮演委托人角色，PPP 项目公司作为项目的执行者，负责项目的建设管理和运营管理，扮演代理人角色。从经济学角度来看，政府和社会资本就是通过签订 PPP 项目合同约定双方之间的权利义务形成委托代理关系，在合同中设置双方共同认可的报酬激励机制，鼓励社会资本在发挥自身建设管理和运营管理优势实现经济效益最大化的同时，保障政府和社会公众的应得利益，并承担一定的项目建管风险。PPP 项目合同是整个 PPP 项目合同体系的基础和核心，是 PPP 项目的核心合同，明确政府和社会资本双方的项目合作内容、权利义务关系和风险分配机制，其本质是在政府和社会资本之间合理分配风险，确保PPP项目顺利实施并实现“物有所值”。

根据大多数PPP项目的运作流程，政府部门（或委托的专业咨询机构）在PPP项目招标阶段识别项目可能存在的风险因素，初步估算风险因素的发生概率和影响程度，并在招标文件中明确风险初步分担方案。社会投资者参与PPP项目的投标，即视为接受招标文件约定的风险初步分担方法，并在此基础上与政府部门就风险分担进行合同谈判，争取达到双方都能接受的平衡分担。PPP项目是众多利益相关方在合同约束条件下形成的一种半开放型社会网络组织[215]，这就决定了PPP项目合同关系的开敞性。

同时，水利工程PPP项目固有的“项目投资大、合同周期长、建设过程复杂、风险因素多”等特点，决定了通过招标阶段的合同设计和合同谈判确定所有风险事件及其应对措施是不现实的，预见成本、缔约成本和证实成本在PPP合同中的不可克服性导致PPP合同具备典型不完全性，这就要求PPP项目必须具有合同柔性：既要关注项目实施情况的变化，以合同既定目标的执行情况和预期完成效果来界定；又要考虑外部环境的变化，以新环境条件下的合同可操作程度来衡量。

7.1.2 水利工程PPP项目的柔性调节机制

水利工程PPP项目的合同柔性，决定了政府和社会资本需要结合PPP项目具体特点和实施环境设置合同柔性调节机制，明确柔性调节触发条件、调节发起人、调节程序和调节方法等。所谓的PPP项目柔性调节机制[216]，其实质是在PPP项目实施过程中，对合同结构不完备和外部环境影响造成的风险进行再分担，确保风险分担达到理想效果：以最低的风险成本和最有效的风险管理方法，使风险事件对PPP项目目标造成的影响最小化。

水利工程PPP项目合同柔性调节机制见表7.1。

表7.1 水利工程PPP项目合同柔性调节机制

调节机制	触发条件	调节方法	合同阶段	调节发起人
再谈判机制	风险事件超出合同约定的风险范围	再谈判	F、C、O、T	政府/社会资本
	发生非预期风险事件	再谈判	F、C、O、T	政府/社会资本
	合同约定的风险分担方式显失公平或实操性弱	再谈判	F、C、O、T	政府/社会资本

续表

调节机制	触发条件	调节方法	合同阶段	调节发起人
再融资机制	合同中约定的再融资时间	主动再融资	C、O	社会资本
	发生突发风险事件造成项目资金短缺	被动再融资	C、O	社会资本
价格调整机制	运营成本增加导致无法实现预期收益	价格上涨	O	社会资本
	通货膨胀导致项目正常运营困难	价格上涨	O	政府/社会资本
	运营成本降低使得实际收益暴涨	价格下调	O	政府
	政府补贴水平过高	价格下调	O	政府
	收费价格超出公众承受能力范围	价格下调	O	政府
政府补贴调整机制	防洪、抗旱等公益调度影响项目运营收益	增加补贴	C、O	政府
	政策性经营导致亏损	增加补贴	O	政府/社会资本
	市场实际需求低于预期	增加补贴	O	社会资本
	运营不善导致的亏损	增加补贴	O	政府/社会资本
支付特许经营费机制	项目收益超过预期产生超额收益	支付特许经营费	O	政府
特许期调整机制	项目收益低于预期收益	延长特许期	O	政府/社会资本
	项目收益超过预期产生收益暴涨	缩短特许期	O	政府
	收费价格调整引起社会问题	延长或缩短特许期	O	政府/社会资本
	项目运营审批工作延误	延长特许期	O	社会资本
收益再分配机制	运营成本降低产生超额收益	收益再分配	O	政府
	运营效率提高产生超额收益	收益再分配	O	政府
	移交剩余价值超过预期	收益再分配	T	社会资本
退出机制	社会资本股权转让导致的项目公司重组	主动退出	C、O、T	社会资本
	政府临时接管、变更社会资本方或终止项目	被动退出	C、O、T	政府
剩余价值保证机制	剩余价值高于合同约定范围	移交后的部分收益分配	T	政府/社会资本
	剩余价值低于合同约定范围	支付剩余价值损耗费	T	政府

注 F、C、O、T分别为PPP项目的融资阶段（Financing stage）、建设阶段（Construction stage）、运营阶段（Operate & Maintain stage）和移交阶段（Transfer stage）。

（1）再谈判机制是指水利工程PPP项目实施过程中发生未约定分担责任的风险事件或非预期风险事件，或者合同约定的风险分担方式显失公平、实操性弱，严重影响到项目顺利实施时，政府和社会资本本着风险公担的原则再谈判，根据风险事件的性质和影响范围，积极协商确定风险事件的承担责任和应对策略，实现以最有效方式、最低成本处理风险。

（2）再融资机制是指 PPP 项目公司通过再融资方法弥补项目融资计划与实际资金需求之间的资金缺口，保证项目资金满足项目实施需要。再融资机制可分为主动再融资和被动再融资：①主动再融资是指在 PPP 项目合同中对项目未来建设运营中的再融资活动做出适当安排，明确再融资时间、再融资方式、再融资金额和再融资风险收益分配等，属于尚未完成的融资工作；②被动再融资是指为应对项目建设或运营过程中的突发风险事件进行紧急再融资，以满足项目继续运营的资金需求。

（3）价格调整机制是指在 PPP 项目运营阶段，政府和社会资本通过协商对项目运营价格进行合理调整。一方面，由于通货膨胀率过高、物价上涨、运营成本增加等造成项目收益无法满足项目公司维持正常运营，需要对运营价格进行适当上调；另一方面，由于项目运营成本降低、政府补贴收益增加，或者项目运营价格超出社会公众的承受能力，需要对运营价格进行下调。价格调整机制，可以视为政府行政调解的替代方式，既要保护社会公众的利益，又不能削弱项目的经济生存能力，同时还要维持一定的激励作用以提高 PPP 项目建设运营效率。

（4）政府补贴调整机制是指在公益性高、盈利性差的水利工程 PPP 项目中，政府按照原定合同政策对项目产生的政策性经营亏损进行补贴难以保证正常运营，或者项目公司运营能力不足造成亏损无法维持项目正常运营，或者市场实际需求远低于预期需求造成项目收益锐减，导致项目服务功能缺失影响社会公众利益时，政府可以通过调整补贴政策（财政补贴、税收补贴或利率补贴等）的方式支持 PPP 项目正常运营。

（5）支付特许经营费机制是指由于水利工程 PPP 项目运营成本降低、运营效率提高或项目使用者数量增多等产生超额收益，合同约定的收益分配方法可能导致社会资本收益暴涨，影响社会公众的应得利益时，公私双方可以通过再谈判将社会资本的部分超额收益通过支付特许经营费的方式转移给政府，以其他福利方式使社会公众从 PPP 项目超额收益中受益。

（6）特许期调整机制是指当政府负责的审批工作延误导致 PPP 项目特许期内的实际运营期缩短，或 PPP 项目特许经营期截止时，项目收益远低于预期收益，政府仍需要向社会资本提供大量资金补贴时，政府可延长特许期对社会资本进行经济补偿；当项目收益超出预期时，政府可在不削弱项目公司收益的前提下缩短特许期，提高项目移交时的剩余价值，使特许期结束至全寿命周期末的项目运营时间延长，最大化社会公众的项目利益。在价格敏感性系数较高的情况下，特许期调整机制可看作是价格调整机制的补充，采用延长或缩短特许期的方式来保证或限制项目公司的收益，避免采用价格调整引起社会问题。

(7) 收益再分配机制是指由于项目运营成本降低、运营效率提高或使用者数量增多等使得项目收益远超过预期时，公私双方通过协商确定项目收益再分配方式，保证政府与社会资本之间的利益均衡，防止社会资本收益暴涨影响社会公众的应得利益。政府通过收益再分配机制获得部分超额收益并用于社会其他公共服务，对社会发展和经济发展都有推动作用。

(8) 退出机制是指政府出于保障公共利益的考虑而临时接管项目、更换项目参与人或提前终止项目，造成社会资本被动退出 PPP 项目；或者由于社会资本的内部问题导致的 PPP 项目被动终止；或者社会资本结构变化导致股权转让造成的主动退出 PPP 项目。在被动退出条件下，政府需要对社会资本进行适当的经济补偿；在被动终止情况下，政府可以寻求其他社会资本参与 PPP 项目，社会资本应对政府损失以及政府重新寻求其他社会资本的成本费用等进行合理化补偿；在主动退出机制下，股权转让必须经过政府的同意，政府需要对股权转让后承接者的资格、经验和能力等进行评估，确保股权转让不影响 PPP 项目的建设运营。

(9) 剩余价值保证机制是指在合同中约定 PPP 项目剩余价值范围，设置剩余价值激励或惩罚措施。在 PPP 项目移交前，项目公司应进行全面的检修、维护，政府和社会资本可共同委托第三方资产评估机构评估移交时的项目剩余价值，当剩余价值评估值高于合同约定范围时，政府将项目移交后的部分运营收益分配给社会资本；当剩余价值评估值低于合同约定范围时，社会资本需要向政府支付剩余价值损耗费。剩余价值保证机制是对项目运营维护提出的保证要求，以激励社会资本通过组织管理和技术改进等措施提高 PPP 项目的特许期运营效益和后特许期社会效益。

上述九种 PPP 项目合同调节机制并不是互斥的，而是相互依存、相互支撑的。水利工程 PPP 项目合同柔性调节机制实施流程如图 7.1 所示。在 PPP 项目实施过程中，为了更有效地应对系统内部结构变化和外部环境变化，需要根据项目实施情况和风险事件性质选择优化组合调节机制，对合同结构不完备和外部环境影响造成的风险进行责任分担，以最低的风险成本和最有效的风险管理方法，使风险事件对 PPP 项目的影响最小化，确保 PPP 项目的顺利实施。

同样地，可以在水利工程 PPP 项目柔性调节机制的分析基础上，选择合适的调节方法对综合利用水利工程 PPP 项目的收益损失进行合理补偿。

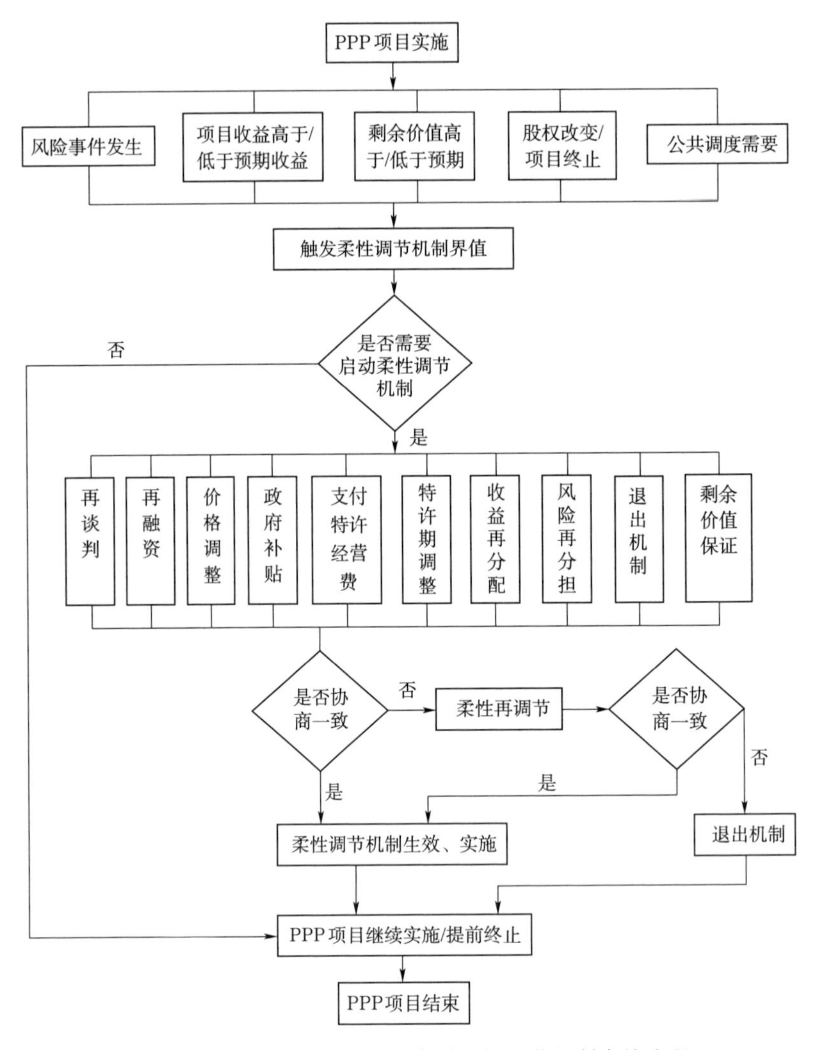

图7.1 水利工程PPP项目合同柔性调节机制实施流程

7.2 综合利用水利工程PPP项目的收益损失补偿原理

7.2.1 收益损失补偿的经济解释

综合利用水利工程PPP项目具有自然垄断性，项目的建设和运营会给水利行业、电力行业、供水行业、航运行业、制造行业和金融行业等创造机会和市场。同时，由于综合利用水利工程PPP项目的公众利益关切度高，政府对公益性防洪调度的高度重视，加上受市场约束的供水价格、发电入网价格变动空间甚小，项目的准公共物品属性和外部经济性的存在导致市场失灵，这为政府干预和调节提供了依据。

从经济学的角度讲，社会资本作为经济人参与到综合利用水利工程 PPP 项目中的根本目的在于通过特许经营收益、政府付费、政府补贴等方式收回投资并获得预期的合理利润，同时，利用自身先进的建设运营管理能力促进综合利用水利工程 PPP 项目的健康运作，力争开拓更宽广的水利工程 PPP 项目市场。综合利用水利工程 PPP 项目在实施超标准洪水防洪调度、区域干旱应急供水和区域洪涝应急防洪等公益性应急调度、重大公共活动（如调水调沙、下游滩区开发或下游施工导截流等）时，必然会改变枢纽工程原定的运行调度规则，进而导致 PPP 项目的收益损失。为了维持综合利用水利工程 PPP 项目的正常运营维护，政府通过实物、货币或政策等方式，按照一定的原则和程序对社会资本的收益损失进行补偿，并对社会资本实施公益性应急调度所增加的成本支出进行补偿。

虽然从短期来看，综合利用水利工程 PPP 项目的收益损失补偿可能会增加政府的财政负担，但从长期来看，枢纽工程的高效防洪调度、应急调度、应急供水、发电入网等必然促进区域经济发展，政府给予的财政补贴也可以降低发电、供水价格，减轻社会公众的付费压力，进一步提高综合利用水利工程 PPP 项目带来的社会福利。

综合利用水利工程 PPP 项目的收益损失补偿，要兼顾政府、社会公众和社会资本的利益，既要保证枢纽工程蓄水、防洪、发电、供水等公共产品和服务的供给，也要考虑社会资本的合理收益，让社会资本愿意投入去保障枢纽工程的正常运转，以实现效率和公平的双赢。

7.2.2 收益损失补偿的必要性

1. 维持枢纽工程 PPP 项目的正常运营维护

综合利用水利工程 PPP 项目的根本目的是通过有效的建设管理和运营维护管理，发挥枢纽工程的防洪调度、应急调度和发电供水等功能。当经营性设施的运营收益和非经营性设施的政府付费之和不能覆盖整个枢纽工程正常运营维护的成本和合理预期，或非社会资本原因造成收益损失时，如果政府不对社会资本进行损失补偿，易使项目公司缺乏有效的资金支持和技术保证，进而影响枢纽工程预期功能的正常发挥。

2. 提升枢纽工程 PPP 项目的整体效益

综合利用水利工程 PPP 项目的资产专用性强，前期建设阶段投资较大，后期运营回收投资的期限较长，造成社会资本的投资沉淀成本大，容易产生套牢问题，由于前期的大量资本投入，加上经营型供水价格、发电价格受政府的价格规制影响，使得社会资本在运营维护阶段的资本压力较大，加上PPP项目公司实施公益性应急调度造成的收益损失，导致枢纽工程难以实现整体效益最大化。这就需要政府对综合利用水利工程PPP项目的收益损失进行补偿，以减少套牢问题对社会资本的影响，激励社会资本提高枢纽工程的运营维护效率，提高PPP项目的社会效益和经济效益。

3. 避免枢纽工程PPP项目水电供需关系的恶化

社会资本参与投资综合利用水利工程PPP项目的根本目的是获得投资收益，当社会公众的实际需求低于预期，导致枢纽工程的实际供电收益和供水收益低于预期收益时，社会资本所能采取的最直接的方法就是寻求调整供水价格和发电价格，必然会导致水电供需关系的继续恶化。在这种情况下，政府采取一定的补偿措施，使供水价格和供电价格不调整或在社会公众可接受范围内调整，维护社会公众的用水用电利益的同时，保障社会资本的合理收益。

4. 促进水利水电工程PPP行业的良性发展

在综合利用水利工程PPP项目中，政府和社会资本形成了“伙伴关系、利益共享和风险分担”的创新性管理机制。当出现非社会资本原因造成的收益损失或无法获得预期收益时，政府按照合同约定对社会资本进行合理性补偿，既能满足PPP项目的社会效益约束，又能使社会资本获得其要求的特许经营，吸引社会资本参与到更多的水利水电工程PPP项目中，促进水利水电工程PPP项目市场的良性发展。

7.2.3 收益损失补偿的可行性

1. 政策上的可行性

综合利用水利工程PPP项目的建设投资大、特许经营期长、外部环境影响大等特点，使得PPP项目合同无法预测项目建设运营过程中的所有风险并约定相应的应对措施，容易导致社会资本的预期合理收益未能实现，按照现行《基础设施和公共事业特许经营管理办法》中“向用户收费不足以覆盖特许经营建设、运营成本及合理收益的，可由政府提供可行性缺口补助”的规定，政府采取实物、货币或政策等方式对社会资本进行合理补偿，在政策层面上是可行的。

2. 技术上的可行性

随着PPP项目实践的不断深入和理论成果的不断丰富，加上水利工程PPP项目类似经验的不断积累，综合利用水利工程PPP项目的收益损失补偿方式也从单纯的资金补偿逐渐过渡到多元化补偿，形成了包括资金补贴、政策补贴、税收补偿、特许经营期延长、运营价格调整等多种损失补偿措施。智能网络技术的发展有利于收益损失的量化计算，可以根据损失量化值优化选择补偿方式。

3. 意愿上的可行性

社会资本以经济人角色参与到综合利用水利工程 PPP 项目中，其根本目标是获得合理化投资收益，当发生异常事件无法满足收益预期目标时，社会资本必然有强烈的意愿获得政府补偿。政府作为综合利用水利工程 PPP 项目的发起者和最终所有者，有义务对项目运营维护提供必要的政策支持，而且从充分发挥枢纽工程防洪调度和供水发电的功能角度出发，政府也愿意采取一定的补偿措施以保证社会资本的运营维护。

4. 渠道上的可行性

政府作为社会公众的代表发起并参与综合利用水利工程 PPP 项目的建设运营维护，其过程是对公共资产的合理配置。当社会资本的收益损失影响到 PPP 项目正常运营维护时，政府对收益损失部分进行合理化补偿，其实质也是对公共资产的二次合理配置，从渠道上说是可行的。

7.2.4　收益损失补偿的基本原则

综合利用水利工程 PPP 项目的收益损失补偿需要在收益风险分配原则的基础上明确补偿的基本原则，并根据收益损失责任界定分析相应的收益损失补偿方法和措施。国务院办公厅于 2015 年 5 月 19 日颁发的《关于在公共服务领域推广政府和社会资本合作模式指导意见的通知》（国办发〔2015〕42 号）中，明确了 PPP 项目风险分配的基本原则为“树立平等协商的理念，按照权责对等原则合理分配项目风险”。具体到综合利用水利工程 PPP 项目，收益损失补偿的基本原则如图 7.2 所示。

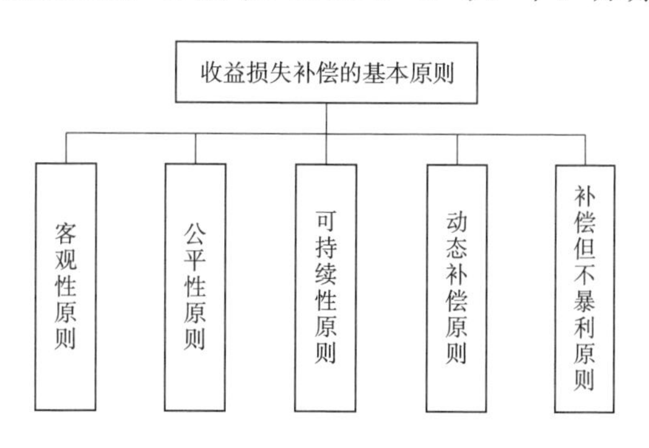

图 7.2　综合利用水利工程 PPP 项目收益损失补偿的基本原则

1. 客观性原则

对于综合利用水利工程 PPP 项目中政府和社会资本具有控制能力的风险事件，需要对公私双方的风险承担成本和效力进行对比分析，优化选择合理的风险分配方案，既能节约风险控制成本，又实现风险合理控制，防止风险损失超过承担主体的承担能力，保证政府和社会资本合作的稳定性。

综合利用水利工程 PPP 项目发生超标准洪水防洪调度、区域干旱应急供水和区域洪涝应急防洪等公益性应急调度时，政府和社会资本客观、公正地评估应急调度对社会资本造成的收益损失，收益损失量化值应该能够真实地反映出

PPP 项目公司的应急调度努力程度，并根据收益损失风险分担原则量化确定收益损失补偿值，确保收益损失值和损失补偿值的真实性和可测性。

2. 公平性原则

公平性原则贯穿于 PPP 项目的全过程，以保证 PPP 项目合同内容本身及因合同而产生的争议解决的公平性。对于综合利用水利工程 PPP 项目，政府和社会资本需要结合风险事件类型进行公平归责，在对风险损失进行定量分析和成本估算的基础上，公平地分配风险损失承担量。

综合利用水利工程 PPP 项目的公益性应急调度是 PPP 项目公司按照 BTO 运作模式承担了枢纽工程的调度工作，从 PPP 项目风险共担的角度出发，政府和社会资本应该就公益性应急调度所造成的收益损失风险结果进行责任分配，协商确定收益损失的合理化补偿比例，由政府按照协商比例对 PPP 项目公司的收益损失进行合理性补偿，同时对收益损失设置合理的补偿上限，避免超额补偿给政府带来的巨大财政压力，一方面要实现政府和社会资本之间的公平性风险分担，另一方面要避免社会资本的不当获利，实现有效性风险管控，促进综合利用水利工程 PPP 项目的良性发展。

3. 可持续性原则

风险应该由对其最有影响力、最有预测能力或最有控制能力的一方承担，或者是对其最有承受能力和成本最小的一方承担。从项目整体效益角度来看，当一方能够更好地预测风险事件并且有较好的应对方法时，意味着他处于最有利的位置，能够减少风险事件发生的概率和风险发生时的损失。社会资本掌握综合利用水利工程 PPP 项目的建设情况完全信息和运营维护技能，对 PPP 项目的运营维护风险最具有预测能力和控制能力，因此运营维护不当风险应该由社会资本承担，使社会资本有动力采取高效的运营维护措施确保项目的运维风险处于可控状态。

综合利用水利工程 PPP 项目的公益性应急调度必然会改变枢纽工程的运行调度规则，造成 PPP 项目公司收益损失，政府采取合理措施对收益损失进行补偿，将该部分不可规避且社会资本难以承受的风险进行有效分担，为社会资本营造良好的 PPP 项目投资条件和运作环境，保证社会资本的合理性投资收益，促进综合利用水利工程 PPP 项目的可持续运作。

4. 动态补偿原则

综合利用水利工程 PPP 项目的投资规模大、运营周期长、涉及因素复杂，项目风险因素必然随着时间的推进及具体情况的变化而改变，因此，需要从项目全生命周期的角度对风险分配进行通盘考虑，遵循动态调整原则，在风险合理分配的前提下，构建 PPP 项目公司收益风险分配的更新机制，针对收益风险的不同阶段确定切合实际的可行性分配方案。

在不同应急调度情况和同一应急调度的不同实施阶段，综合利用水利工程 PPP 项目的收益损失的量化数值和风险分担不能一概而论，这就需要结合收益损失的具体情况区别选择适应的收益损失补偿措施，并根据风险事件对收益损失的影响变化情况动态优化调整损失补偿方法，确保损失补偿措施的有效性和针对性。

5. 补偿但不暴利原则

从权利义务对等的角度考虑，承担风险的主体在承担风险损失的同时，有权利享有风险变化所带来的风险收益，该收益作为其承担风险的补偿。政府和社会资本在 PPP 项目风险信息对称的条件下，以风险可控原则为前提条件，将风险分配给享受其经济利益的一方承担，实现风险承担与收益获取保持一致，避免风险被强加给一方，或某一方为获得高额收益而承担不适宜其承担的风险。

综合利用水利工程 PPP 项目的社会效益显著，政府对 PPP 项目公司的收益损失补偿是站在维持项目正常运行的角度进行的应急性补助，不能将政府补偿作为社会资本获利的重要途径，可以采用奖补结合的模式，将政府的补偿额度与 PPP 项目的运作效率、公益贡献度等结合起来，促使政府补偿能够真正发挥激励社会资本提升综合利用水利工程 PPP 项目运作效率的作用。

7.3 综合利用水利工程 PPP 项目收益损失的触发补偿模型

综合利用水利工程 PPP 项目发生公益性应急调度、丰水年灌溉需水量减少或重大公共活动引起运行调度规则调整等造成收益损失时，PPP 项目公司需要采取一定的应对措施以减少收益损失影响，政府需要采取一定的措施对收益损失进行补偿。一般来说，公益性应急调度等风险事件造成的收益损失量是事先不可准确预测的，但事后根据收益损失进行补偿会增加政府的风险承担量，也会使 PPP 项目公司过度依赖政府补偿而降低其预防风险的主观能动性。基于政府对 PPP 项目公司收益损失进行合理补偿的考虑，政府和社会资本在综合利用水利工程 PPP 项目合同中对收益损失约定不同标准区间作为触发阈，根据收益损失量所属的不同触发阈选择合适的补偿方式或补偿组合方式。

当 t 时段未发生应急调度风险事件时，综合利用水利工程 PPP 项目采用正常运行调度规则，则 t 时段 PPP 项目公司的预期收益 R_t 为

$$\begin{aligned} R_t &= p_{et}W_{et} + p_{wt}W_{wt} + (C_{fp} + C_{vpt})\lambda + R_{st} - (C_{fo} + \alpha_1 W_{et} + \alpha_2 W_{wt} + \beta t + C_{ct}) \\ &= (p_{et} - \alpha_1)W_{et} + (p_{wt} - \alpha_2)W_{wt} + \lambda(C_{fp} + C_{vpt}) + R_{st} - (C_{fo} + \beta t + C_{ct}) \end{aligned} \tag{7.1}$$

各参数的定义参照 5.4 节中的参数定义。

若 t 时段发生应急调度风险事件，PPP 项目公司采用调整后的运行调度规

则，则t时段PPP项目公司的收益损失L_t为

$$L_t = C(L_{et}, L_{wt}) + L_{ct} \tag{7.2}$$

式中：$C(L_{et}, L_{wt})$为t时段的发电收益和供水收益的联合损失值；L_{ct}为t时段PPP项目公司实施应急调度的运营成本增加量。

虽然不同的综合利用水利工程PPP项目收益损失曲线存在差异，但随着风险事件及影响的发展，政府和PPP项目公司会采取相应的应对措施以减轻收益损失，从概率角度来看，收益损失的风险概率会随着损失的增长呈现出“先增大、后减小”的发展趋势，当收益损失增大到一定界值后，风险概率逐渐趋向于0，收益损失曲线呈现“右偏”“厚尾”特征。运用非对称的帕累托分布对综合利用水利工程PPP项目的收益损失概率分布曲线进行拟合，如图7.3所示。

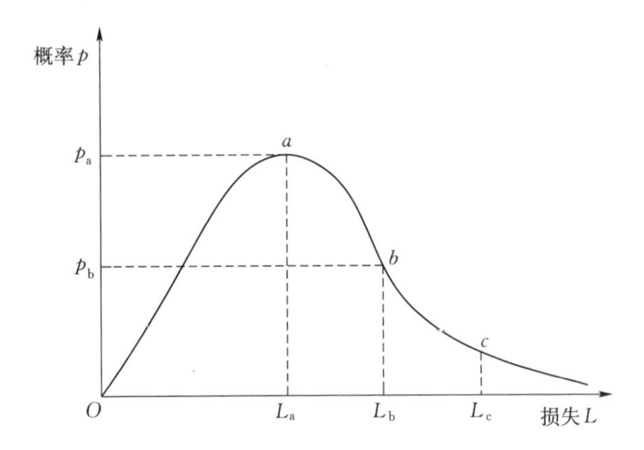

图7.3　综合利用水利工程PPP项目收益损失的概率分布

图中，a点对应的风险概率p_a为概率最大值，对应的收益损失为L_a；b点对应的风险概率p_b为概率分布曲线拐点，对应的收益损失为L_b；c点对应点的风险概率p_c前后损失增幅不大，对应的收益损失L_c为社会资本所能承受的收益损失最大值。

当$0 \leqslant L_t \leqslant L_a$时，因为风险事件发生后运行调度规则处于调整过程中，PPP项目公司的风险应对措施效果相对滞后，收益损失随着风险概率的增加而增大，且增加幅度较大。当$L_a < L_t \leqslant L_b$时，随着PPP项目公司的运行调度规则调整方案逐步实施并趋于成熟，风险概率从最大值p_a逐渐减小至拐点p_b，收益损失虽然持续增大，但增大幅度逐渐减小。当$L_b < L_t \leqslant L_c$时，风险概率继续减小至p_c，收益损失增长更为平缓，趋于稳定状态。

综合利用水利工程PPP项目t时段的收益损失系数ζ可表示为

$$\zeta = \frac{L_t}{R_t} \tag{7.3}$$

根据 t 时段 PPP 项目收益损失系数 ζ 的不同范围确定不同的触发补偿阈，采用差额定率累进方法确定合理的收益损失补偿量 S_t，即

$$S_t = f(L_t) = \begin{cases} \sigma_1 L_t & 0 < L_t \leqslant L_a \\ \sigma_1 L_a + \sigma_2 (L_t - L_a) & L_a < L_t \leqslant L_b \\ \sigma_1 L_a + \sigma_2 (L_b - L_a) + \sigma_3 (L_t - L_b) & L_b < L_t \leqslant L_c \end{cases} \tag{7.4}$$

式中：σ_1、σ_2 和 σ_3 为收益损失补偿系数，由政府和社会资本协商确定，且满足 $0<\sigma_3\leqslant\sigma_2\leqslant\sigma_1\leqslant 1$。

7.4 综合利用水利工程 PPP 项目收益损失的补偿博弈模型和补偿方法

本书的研究落脚点是综合利用水利工程 PPP 项目发生收益损失时，政府和社会资本通过博弈分析对收益损失补偿量进行合理分配，政府选择并实施有效的收益损失补偿方法，其实质是补偿 PPP 项目公司的收益差额，即对 PPP 项目公司按照政府要求或应急工作需要调整运行调度规则时的收益和正常运行调度时的收益之间的差额进行有效补偿。综合利用水利工程 PPP 项目收益损失补偿的主体是政府，补偿的直接对象是项目公司，间接对象是社会资本。综合利用水利工程 PPP 项目收益损失的补偿方法如图 7.4 所示。

7.4.1 收益损失的补偿博弈模型

综合利用水利工程 PPP 项目发生公益性应急调度、丰水年灌溉需水量减少或重大公共活动引起运行调度规则调整等造成收益损失时，作为有经验的社会资本应采取一定的应对措施减少收益损失量，并争取从政府处获得收益损失补偿。而政府作为社会公众利益的代表者，其首要目标是保证 PPP 项目风险事件的顺利解决，在此基础上根据社会资本的应急努力程度给予合理的收益损失补偿，政府承担的收益损失补偿份额与社会资本的努力程度存在着一定的相关关系。因此，可以建立政府和社会资本之间关于社会资本努力程度和政府收益损失补偿分配系数的博弈模型，力争达到社会资本收益损失最小和政府收益损失补偿最小的联合最优控制。

综合利用水利工程 PPP 项目在 t 时段发生公益性应急调度等风险事件时，社会资本按照一定的努力程度 τ 实施应急调度，则 PPP 项目的发电和供水收益损失可表示为

$$L_r(\tau) = L_{r0} + [C(L_{et}, L_{wt}) - L_{r0}] e^{-k_1 \tau^2} \tag{7.5}$$

式中：$L_r(\tau)$ 为在努力程度 τ 时发电和供水收益的损失量；L_{r0} 为风险事件发生

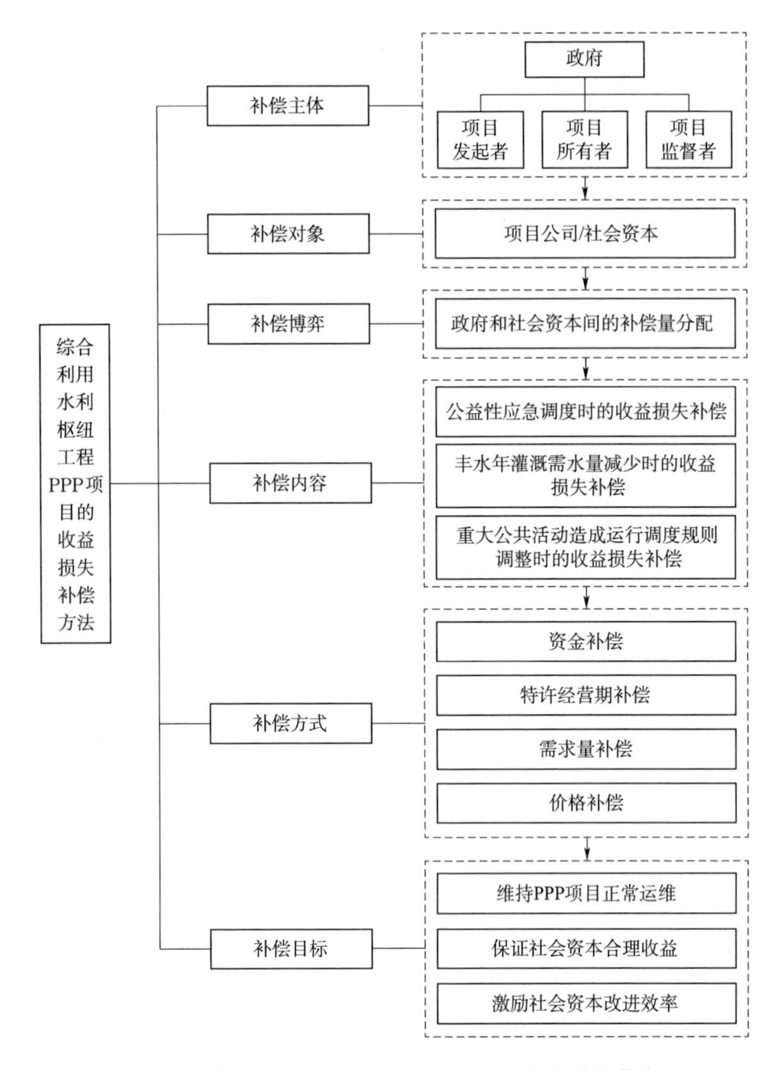

图7.4 综合利用水利工程PPP项目收益损失的补偿方法

时的最低收益损失；$C(L_{et},L_{wt})$为在努力程度$\tau=0$时发电收益和供水收益的联合收益损失；k_1为待定常数。

当发生公益性应急调度等风险事件时，社会资本按照一定的努力程度τ实施应急调度，则应急调度运营成本增加量可表示为

$$L_c(\tau)=L_{c0}(e^{k_2\tau^2}-1) \tag{7.6}$$

式中：$L_c(\tau)$为在努力程度τ时增加的PPP项目运营成本；L_{c0}为风险事件发生时的最低运营成本；k_2为待定常数。

综合利用水利工程 PPP 项目应急调度时社会资本的应急努力程度与收益损失及应急运营成本增加量的相关关系如图 7.5 所示。

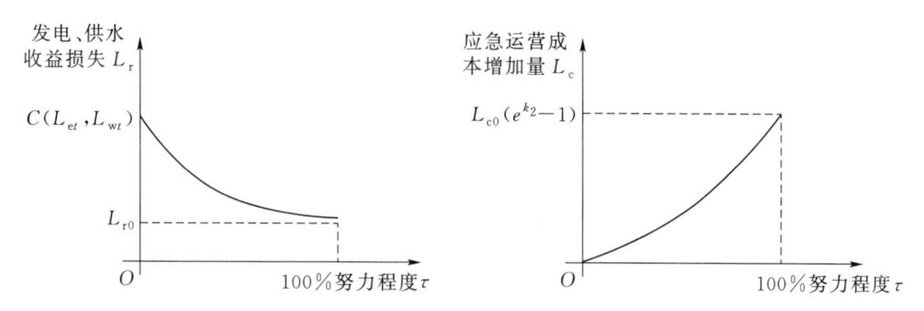

图 7.5 收益损失及应急运营成本增加量与社会资本努力程度的相关关系

则 t 时段风险事件发生但政府未补偿时 PPP 项目公司的收益损失可表示为

$$L_t(\tau)=L_r(\tau)+L_c(\tau)=L_{r0}+[C(L_{et},L_{wt})-L_{r0}]e^{-k_1\tau^2}+L_{c0}(e^{k_2\tau^2}-1) \tag{7.7}$$

t 时段风险事件发生后，政府根据社会资本的应急努力程度 τ 选择收益损失补偿分配系数 θ，则政府的收益损失补偿可表示为

$$S_t(\tau)=\theta L_t(\tau)=\theta\{L_{r0}+[C(L_{et},L_{wt})-L_{r0}]e^{-k_1\tau^2}+L_{c0}(e^{k_2\tau^2}-1)\} \tag{7.8}$$

t 时段风险事件发生政府补偿后 PPP 项目公司的收益损失可表示为

$$\begin{aligned}L_t&=L_t(\tau)-S_t(\tau)=L_r(\tau)+L_c(\tau)-S_t(\tau)\\&=(1-\theta)\{L_{r0}+[C(L_{et},L_{wt})-L_{r0}]e^{-k_1\tau^2}+L_{c0}(e^{k_2\tau^2}-1)\}\end{aligned} \tag{7.9}$$

在公益性应急调度收益损失补偿博弈过程中，政府处于主导地位，PPP 项目公司处于从属地位。政府根据预测的 PPP 项目公司应急调度努力程度 τ，选择合理的收益损失补偿分配系数 θ，使得 PPP 项目公司采取的努力程度满足应急调度需要的同时，政府的收益损失补偿最小，即求解最优目标函数为

$$\min\{S_t(\tau)\}=\min\{\theta[L_{r0}+[C(L_{et},L_{wt})-L_{r0}]e^{-k_1\tau^2}+L_{c0}(e^{k_2\tau^2}-1)]\} \tag{7.10}$$

对于社会资本而言，需要根据政府选择的收益损失补偿分配系数 θ，优化确定自身的努力程度 τ，使得获得政府收益损失补偿后的 PPP 项目收益损失最小，即求解最优目标函数为

$$\begin{aligned}\min\{L_t(\tau)-S_t(\tau)\}=\min\{(1-\theta)[L_{r0}+[C(L_{et},L_{wt})\\-L_{r0}]e^{-k_1\tau^2}+L_{c0}(e^{k_2\tau^2}-1)]\}\end{aligned} \tag{7.11}$$

约束条件为

$$\begin{cases} L_t(\tau) - C(L_{et}, L_{wt}) \leqslant 0 \\ S_t(\tau) \geqslant 0 \\ L_t(\tau) - S_t(\tau) \geqslant 0 \\ 0 < \theta \leqslant 1 \\ 0 \leqslant \tau \leqslant 1 \end{cases} \tag{7.12}$$

通过以上分析可知，政府收益损失补偿最小化目标函数式（7.10）、PPP项目收益损失最小化目标函数式（7.11）及其约束条件式（7.12）构成政府和社会资本之间的基于社会资本应急努力程度和政府收益损失补偿分配系数之间的博弈模型，并通过模型求解获得努力程度 τ 和收益损失补偿分配系数 θ 的最优组合。

政府在观测到社会资本的应急努力程度后，选择一定的收益损失补偿分配方法使目标函数式（7.10）在期望条件下的补偿量最小值，即

$$\min\{S_t(\tau)\} = \min\int_{\tau^{L}}^{\tau^{H}} S_t(\tau) f(\tau) \mathrm{d}\tau \tag{7.13}$$

假定社会资本的应急努力程度 $\tau \in [\tau^L, \tau^H]$，且 τ 服从于概率密度为 $f(\tau)$ 的概率分布。

政府在追求期望收益损失补偿最小时，受激励相容约束的制约，即

$$\tau \in \operatorname{argmin}\{(1-\theta)[L_{r0} + [C(L_{et}, L_{wt}) - L_{r0}]e^{-k_1\tau^2} + L_{c0}(e^{k_2\tau^2} - 1)]\} \tag{7.14}$$

式（7.14）对 τ 的一阶条件为

$$\frac{\mathrm{d}[L_t(\tau) - S_t(\tau)]}{\mathrm{d}(\tau)} = (1-\theta)\{-2k_1\tau[C(L_{et}, L_{wt}) - L_{r0}]e^{-k_1\tau^2} + 2L_{c0}k_2\tau e^{k_2\tau^2}\} \tag{7.15}$$

以式（7.10）为目标函数，以式（7.15）为状态方程，建立哈密顿函数为

$$H = S_t(\tau) f(\tau) + \xi \frac{\mathrm{d}[L_t(\tau) - S_t(\tau)]}{\mathrm{d}(\tau)} \tag{7.16}$$

式中：ξ 为问题的协态变量。

控制方程为

$$\frac{\partial H}{\partial \tau} = S'_t(\tau) f(\tau) + \xi(1-\theta)\{-2k_1\tau[C(L_{et}, L_{wt}) - L_{r0}]e^{-k_1\tau^2} + 2k_2\tau L_{c0} e^{k_2\tau^2}\} \tag{7.17}$$

式中 $S'_t(\tau) = -2k_1\tau[C(L_{et}, L_{wt}) - L_{r0}]e^{-k_1\tau^2} + 2k_2\tau L_{c0} e^{k_2\tau^2}$，且满足 $\frac{\partial H}{\partial \tau} \leqslant 0$。

协态方程为

$$\frac{d\xi}{d\theta}=-\frac{\partial H}{\partial[L_t(\tau)-S_t(\tau)]}$$

$$=-\{L_{r0}+[C(L_{et},L_{wt})-L_{r0}]e^{-k_1\tau^2}+L_{c0}(e^{k_2\tau^2}-1)\}f(\tau) \tag{7.18}$$

由式（7.18）得

$$\xi=-\frac{S_tF(\tau)}{\theta}+m \tag{7.19}$$

式中：$F(\tau)$ 为 τ 的概率分布函数；m 为常数。

将式（7.19）代入式（7.17）中可得

$$S_t'(\tau)f(\tau)+\left[m-\frac{S_t(\tau)f(\tau)}{\theta}\right](1-\theta)\frac{d[L_t(\tau)-S_t(\tau)]}{d\tau}=0 \tag{7.20}$$

控制式（7.17）的二阶偏导数满足：

$$\frac{\partial^2 H}{\partial\tau^2}=S_t''(\tau)f(\tau)+\left[m-\frac{S_t'(\tau)f(\tau)}{\theta}\right](1-\theta)\frac{d^2[L_t(\tau)-S_t(\tau)]}{d\tau^2}\geqslant 0 \tag{7.21}$$

因此，最优控制问题存在极小值，根据式（7.20）可以求得满足目标函数的社会资本应急努力程度 τ 和政府收益损失补偿分配系数 θ 的最优组合解。

根据综合利用水利工程 PPP 项目的收益损失量化模型和补偿博弈分析，设计收益损失的补偿流程如图 7.6 所示。

7.4.2 收益损失的补偿方法

综合利用水利工程 PPP 项目应该在收益损失责任界定清楚、收益损失补偿量和收益损失补偿博弈结果明确的基础上进行收益损失补偿，最直接的方式是采用资金补偿，即在收益损失补偿分配系数博弈结果确定后，政府按照收益损失补偿分配量对社会资本给予相应的资金补偿。特许经营期补偿、需求量补偿和价格补偿作为资金补偿的一种补充方式，可以根据 PPP 项目资产结构特征和收益损失实际情况合理选择单一方式或组合方式进行优化补偿。

7.4.2.1 特许经营期补偿

特许经营期是综合利用水利工程 PPP 项目实物期权价值的敏感性因素，是 PPP 项目合同谈判中重点关注的条款，但大多数情况下，政府往往在项目招标阶段就明确指定 PPP 项目的特许经营期，而且这种指定更多的是依靠类似项目经验、法规规定或咨询机构建议主观确定的，社会资本参与 PPP 项目也就接受了政府指定的特许经营期。

综合利用水利工程 PPP 项目因超标准洪水防洪调度、区域干旱应急调水和下游洪涝应急防洪等，引起经营性设施的发电收益减少、供水收益降低和非经营性设施的运维成本增加，造成 PPP 项目公司的收益损失时，政府可以给予社

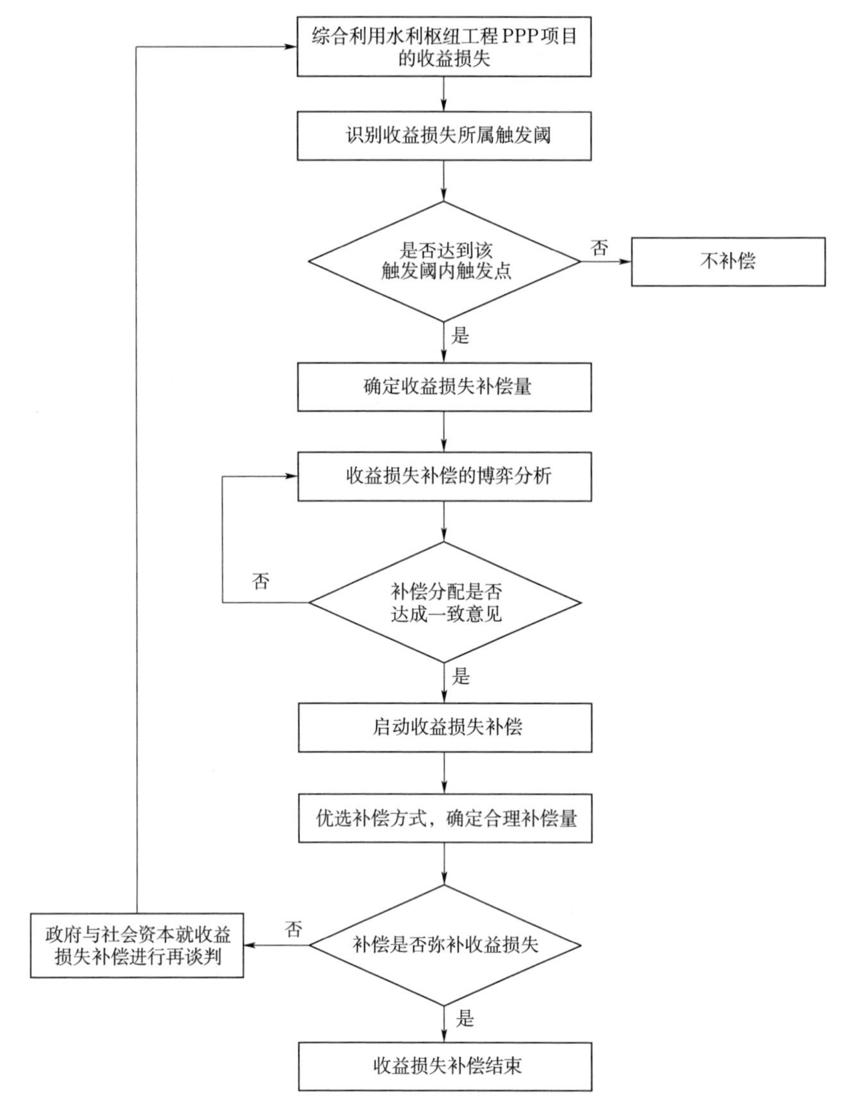

图7.6 综合利用水利工程PPP项目的收益损失补偿流程

会资本时间补偿，即政府与社会资本就PPP项目特许经营期进行协商，通过延长特许经营期使社会资本有更长的时间回收成本并获得利润，从而弥补运行调度规则调整造成的PPP项目收益损失。由于特许经营期延长不涉及政府财政支付问题，且不影响枢纽工程防洪调度等公益性功能的发挥，所以对于政府和社会资本而言，特许经营期延长机制是双方都可以接受的一种可能方式。

综合利用水利工程PPP项目特许经营期调整可以看作是特许经营价格调整的补充。在价格敏感性系数较高的情况下，轻微的价格调整可能会承受巨大的社会公众压力，导致政府和社会资本之间反复的询价协商，特别地，需要进行公众听证或政府审批的价格调整耗费的时间成本较高。在 PPP 项目风险可控范围下，可以采用调整特许经营期的方式来补偿社会资本的收益损失，保证综合利用水利工程 PPP 项目的可持续运作。

综合利用水利工程 PPP 项目在特许经营期临近结束时，政府和社会资本依据特许经营期内发生的运行调度规则调整引起的 PPP 项目收益损失总值，就特许经营期补偿方式（含补偿参数等）进行合同再谈判。假设从特许经营期结束开始进行补偿，特许经营期的延长补偿量为 $\tilde{n}$，则补偿期内 PPP 项目公司的收益可表示为

$$R_{C}=\sum_{t=n}^{n+\tilde{n}}[(p_{et}-\alpha_{1})W_{et}+(p_{wt}-\alpha_{2})W_{wt}+(C_{fp}+\rho t)\lambda+R_{st}-(C_{fo}+\beta t)-C_{et}] \tag{7.22}$$

式中：R_{C} 为特许经营期延长期 $\tilde{n}$ 内的 PPP 项目公司收益；其他参数的定义参照 5.4 节中的参数定义。

当特许经营期延长补偿期 PPP 项目公司满足 $R_{C}\geqslant\sum S_{t}$ 时，表明 PPP 项目的收益损失已经得到了补偿，此时的 $\tilde{n}$ 即为综合利用水利工程 PPP 项目收益损失的合理特许经营期补偿量。

特许经营期延长机制能否弥补社会资本的收益损失，与社会资本和政府的运营成本有关，若政府的运营成本低于某一临界值或社会资本的运营成本高于某一临界值时，即 PPP 项目移交后政府的运营成本低于社会资本的运营成本，无论特许经营期延长多少都不能满足社会资本的收益损失期望补偿值。此时，政府的最优选择是不延长特许经营期，而通过政府运营获得的 PPP 项目收益直接补偿社会资本，并保障社会公众的合理利益。

7.4.2.2 需求量补偿

综合利用水利工程 PPP 项目的原水价格和发电价格受政府和电网的规制约束，在收费价格不变的情况下，PPP 项目的特许经营收益（发电收益和供水收益）受入网发电电量和供水需求量的直接影响。综合利用水利工程 PPP 项目因超标准洪水防洪调度、区域干旱应急调水和区域洪涝应急防洪等公益性需要调整运行调度方式，引起经营性设施的发电供应量减少、供水供应量减少和枢纽工程的运维成本增加，造成 PPP 项目公司收益损失时，政府可以与社会资本就枢纽工程 PPP 项目的发电供应量和供水供应量进行再谈判，由政府协调电网公司增大枢纽工程 PPP 项目的入网电量，协调供水公司加大枢纽工程 PPP 项目的供水水量，以电量增加和水量增加最直接地补偿社会资本的收益损失。由于发电量和供水量补偿不涉及政府财政支付问题，且不影响枢纽工程防洪调度等公益性功能的发挥，所以对于政府和社会资本而言，需求量补偿方法也是双方都

可以接受的一种可能方式。

假设在第 n_1-1 年，综合利用水利工程PPP项目风险事件引起运行调度规则调整，并发生收益损失。政府和社会资本根据第 n_1-1 年的实际收益与预期收益的差额，对需求量补偿方式（含补偿参数等）进行合同再谈判。假设从第 n_1 年开始对需求量进行补偿，补偿持续时间为 $\tilde{n}_1$，发电需求补偿量为 $\tilde{W}_{et}$，供水需求补偿量为 $\tilde{W}_{wt}$，则补偿期内PPP项目公司的收益可表示为

$$R_{\mathrm{D}}=\sum_{t=n_1}^{n_1+\tilde{n}_1}\left[(p_{et}-\alpha_1)(W_{et}+\tilde{W}_{et})+(p_{wt}-\alpha_2)(W_{wt}+\tilde{W}_{wt})\right.$$
$$\left.+(C_{\mathrm{fp}}+C_{\mathrm{vpt}})\lambda+R_{st}-(C_{\mathrm{fo}}+\beta t)-C_{et}\right] \tag{7.23}$$

式中：R_{D} 为需求量补偿期 $\tilde{n}_1$ 内的PPP项目公司收益；其他参数的定义参照5.4节中的参数定义。

当需求量补偿期PPP项目公司收益满足 $R_{\mathrm{D}}\geqslant S_t$ 时，表明PPP项目第 n_1-1 年的收益损失已经得到了合理补偿，此时的 $\tilde{W}_{et}$ 和 $\tilde{W}_{wt}$ 即为综合利用水利工程PPP项目收益损失的合理发电需求补偿量和供水需求补偿量。

政府在确定发电需求量和供水需求量的补偿量时，应该从社会公众利益最大化的角度出发，核定发电需求补偿量和供水需求补偿量的比例关系，力争选择最优的需求补偿量组合方案，保障需求量补偿措施的可操作性。

7.4.2.3　价格补偿

综合利用水利工程PPP项目的自然垄断性和公共产品属性，决定了PPP项目的发电电价和供水水价受政府价格规制约束，在PPP项目合同谈判敲定后就不能由项目公司私自调整，也不能由政府通过行政手段强制调整。在PPP项目特许经营期内，将观察到的由于风险因素影响而发生的成本或盈利能力的变化转化为可允许的价格变化，以此来保证社会资本既可以承受这些风险压力又可以获得其合理收益。

综合利用水利工程PPP项目因超标准洪水防洪调度、区域干旱应急调水和下游洪涝应急防洪等，引起经营性设施的发电收益、供水收益降低和非经营性设施的运维成本增加，造成PPP项目公司收益发生损失时，政府和社会资本在综合考虑风险因素影响及收益损失、提高激励效率、保证合理回报和分阶段调整的原则下，可以就发电价格和供水价格进行协商：是否需要调整、何时进行调整、执行何种调整程序、调整到什么水平、以什么方式调整等。价格补偿的方式包括：①通过价格调整公众听证会或政府审批公示等确定价格调整量，由社会公众承担社会资本的收益损失补偿；②价格调整后的收益差额由政府以财政补贴方式支付给社会资本，由政府承担社会资本的收益损失补偿。

由于价格补偿涉及社会公众付费增加或政府财政支付问题，所以对于政府

而言，价格调整在社会公众的消费水平接受范围内或政府财政承担能力范围内时，价格补偿方法是可以实施的一种方式。

假设在第 n_2-1 年，综合利用水利工程 PPP 项目风险事件引起运行调度规则调整，并发生收益损失。政府和社会资本根据第 n_2-1 年的实际收益与预期收益的差额，对价格补偿方式（含补偿参数等）进行合同再谈判。假设从第 n_2 年开始对价格进行补偿，补偿持续时间为 $\tilde{n}_2$，发电价格补偿量为 $\tilde{p}_e$，供水价格补偿量为 $\tilde{p}_w$，则补偿期内 PPP 项目公司的收益可表示为

$$R_P=\sum_{t=n_2}^{n_2+\tilde{n}_2}[(p_{et}+\tilde{p}_{et}-\alpha_1)W_{et}+(p_{wt}+\tilde{p}_{wt}-\alpha_2)W_{wt}+(C_{fp}+C_{vpt})\lambda+R_{st}-(C_{fo}+\beta t)-C_{et}] \tag{7.24}$$

式中：R_P 为价格补偿期 $\tilde{n}_2$ 内的 PPP 项目公司收益；其他参数的定义参照 5.4 节中的参数定义。

当价格补偿期 PPP 项目公司收益满足 $R_P\geqslant S_t$ 时，表明 PPP 项目第 n_2-1 年的收益损失已经得到了合理补偿，此时的 $\tilde{p}_e$ 和 $\tilde{p}_w$ 即为综合利用水利工程 PPP 项目收益损失的合理发电价格补偿量和供水价格补偿量。

同理，政府应该从社会公众利益最大化的角度出发，核定发电价格和供水价格的最优调整量，确保发电价格补偿量和供水价格补偿量在社会公众的消费水平承受范围内，保障价格补偿措施的可操作性。

7.4.3 公益性应急调度时的收益损失补偿

综合利用水利工程 PPP 项目实施超标准洪水防洪调度、区域干旱应急调水和区域洪涝应急防洪等公益性应急调度造成的收益损失主要包括发电收益损失、供水收益损失和应急调度成本增加。

对于公益性应急调度引起发电可用水量减少或供水可用水量减少造成收益损失的情况，最直接的补偿方法是采用需求量补偿方式。政府在应急调度事件发生后协调电网公司增大枢纽工程一定期限内的发电入网量，协调供水公司增大枢纽工程一定期限内的供水水量，通过增加发电量或供水量获得补偿收益以弥补应急调度造成的收益损失，不足部分则根据公私博弈确定的损失补偿量分配情况，由政府采用资金补偿、价格补偿或特许经营期补偿等单一方式或组合方式予以补偿。

当然，从资源配置角度考虑，区域干旱引起供水可用水量减少、供求关系发生变化时，政府可以采取临时调价机制或阶梯水价机制提高一定时期内的城镇生活供水价格、工业用水价格和灌溉用水价格，以价格杠杆减少异常干旱时期的用水需求量，鼓励社会公众减少不必要的用水和浪费，通过提高供水价格

减少区域干旱对综合利用水利工程PPP项目造成的收益损失。区域干旱应急调水时也可以将从应急保障用水对象处收缴的部分用水收益补贴给综合利用水利工程PPP项目，不足部分则根据公私博弈确定的损失补偿量分配情况，由政府采用资金补偿、价格补偿、需求量补偿或特许经营期补偿等单一方式或组合方式予以补偿。

7.4.4 丰水年灌溉需水量减少时的收益损失补偿

综合利用水利工程PPP项目的丰水年灌溉需水量减少造成的收益损失主要包括灌溉收益损失、灌溉收益损失值与发电或供水收益增加值的差额以及处理多余蓄水量的成本费用。

对于丰水年灌溉用水量减少的情况，PPP项目公司的最优方法是将该部分水量调配给枢纽工程的发电或其他供水，这就需要政府协调电网公司加大枢纽工程的发电入网量，协调供水公司增大枢纽工程的供水水量，以增加PPP项目的发电收益或供水收益来补偿灌溉用水量减少时的灌溉收益损失，同时降低处理多余蓄水量的成本或减少弃水损失，不足部分则根据公私博弈确定的损失补偿量分配情况，由政府采用资金补偿、价格补偿、需求量补偿或特许经营期补偿等单一方式或组合方式予以补偿。

而当灌溉用水量减少引起的多余蓄水量无法调配供发电或供水使用时，灌溉收益损失加上处理多余蓄水量的成本费用增加或弃水增加造成的损失，根据公私博弈确定的损失补偿量分配情况，由政府采用资金补偿、价格补偿、需求量补偿或特许经营期补偿等单一方式或组合方式予以补偿。

7.4.5 重大公共活动造成运行调度规则调整时的收益损失补偿

重大经济社会公共活动引起运行调度规则调整造成的收益损失主要包括发电收益损失、供水收益损失和运行调度成本增加。

重大公共活动引起运行调度规则调整造成发电可用水量和供水可用水量减少时，政府可以采用需求量补偿的方式，在应急调度事件的下一年协调电网公司增大枢纽工程的发电入网量，协调供水公司增大枢纽工程的供水水量，补偿运行调度规则调整引起的发电量或供水量减少造成的收益损失。也可以采用调价机制或阶梯水电价机制在社会公众消费能力可接受范围内提高供水价格和用电价格，以此弱化发电可用水量或供水可用水量减少造成的收益损失，不足部分则根据公私博弈确定的损失补偿量分配情况，由政府采用资金补偿、价格补偿、需求量补偿或特许经营期补偿等单一方式或组合方式予以补偿。

同时，重大公共活动引起运行调度规则调整造成枢纽工程蓄水量和可用水量减少时，PPP项目供水可以在满足城镇生活供水、灌溉供水和工业供水基本需求且新增发电量可以顺利入网的前提下，向政府申请调整发电用水量和供水用水量的比例，以增加发电用水量获得更多发电效益的方式弥补运行调度规则调整导致的收益损失，不足部分则根据公私博弈确定的损失补偿量分配情况，由政府采用资金补偿、价格补偿、需求量补偿或特许经营期补偿等单一方式或组合方式予以补偿。

7.5 本章小结

本章研究了水利工程 PPP 项目的柔性调节机制，分析了综合利用水利工程 PPP 项目收益损失补偿的理论基础，设计了收益损失的触发补偿模型，分析了收益损失的补偿博弈模型，梳理了特许经营期补偿、需求量补偿和价格补偿等补偿方式，构建了综合利用水利工程 PPP 项目的收益损失补偿方法。

(1) 首先分析了水利工程 PPP 项目的合同柔性特点，从实现风险分担的角度设计了包括再谈判、再融资、价格调整、政府补贴调整、支付特许经营费、特许期调整、收益再分配、退出机制和剩余价值保证等在内的水利工程 PPP 项目的柔性调节机制。

(2) 从经济角度研究了综合利用水利工程 PPP 项目的收益损失补偿，从 PPP 项目正常运营维护和整体效益等角度分析了收益损失补偿的必要性，从政策、技术、意愿和渠道等方面研究了收益损失补偿的可行性，梳理了综合利用水利工程 PPP 项目收益损失补偿的客观性、公平性、可持续性、动态补偿和补偿不暴利等基本原则。

(3) 根据综合利用水利工程 PPP 项目发生公益性应急调度等风险事件造成的收益损失系数确定触发补偿阈，采用差额定率累进方法设计了收益损失的触发补偿模型，明确了收益损失的补偿主体和补偿对象，建立了政府和社会资本之间关于应急努力程度和收益损失补偿分配系数的补偿博弈模型，分析了收益损失的资金补偿、特许经营期补偿、需求量补偿和价格补偿等补偿方式，探讨研究了公益性应急调度、丰水年灌溉需水量减少和重大公共活动引起运行调度规则调整等造成收益损失时的补偿方法。

第 8 章 实例分析

本章通过实例对本书研究的综合利用水利工程 PPP 项目的运作模式、收益损失和补偿方法进行验证分析。以某综合利用水利工程 PPP 项目的 BOT 模式招标存在的不足为基础，设计该综合利用水利工程 PPP 项目的“BOOT＋BTO”运作模式，采用 Copula 函数分析公益性应急调度的发电收益和供水收益的联合收益损失，基于博弈模型分析量化确定收益损失的合理补偿量。

8.1 实例背景

某水利枢纽工程的开发目的是以供水和灌溉为主、结合发电、兼顾防洪等综合利用。工程由库内取水分别向左右岸供水，右岸城市供水取水口设计流量为 13.65m^3/s，左岸城乡供水及农业灌溉取水口设计流量为 6.37m^3/s，多年平均供水量为 43046.64 万 m^3，设计灌溉面积；引水发电系统布置在右岸，坝后电站为地下厂房，装机容量为 90MW，多年平均发电量为 4.1390 亿 kW·h，工程概算总投资为 257200 万元。本工程的灌溉及农村生活饮水收益低，属于公益性投资；城市及工业供水、发电部分属于经营性投资，考虑以部分城市供水收入和发电收入补贴灌溉工程和农村生活饮水，实行以水养水、以电养水，保障灌区工程得以良性运行，因此工程综合运行管理性质确定为准公益型。

地方政府因建设资金筹措压力较大，在省人民政府的批准下拟采用 BOT 运作模式引入社会资本参与到该水利枢纽工程及其灌区骨干工程的建设管理和运营管理中。但由于工程的社会公益性强、经济效益较差、投资回报期长，社会资本参与热情并不高，先后组织的 4 次项目法人招投标均以失败告终。通过查阅该综合利用水利工程目前 4 次 PPP 项招标的合同文件，分析其采用 BOT 运作模式存在以下几个缺点：

（1）工程采用 BOT 模式，PPP 项目公司只拥有枢纽工程的运营权，无权将枢纽工程抵押给第三方金融机构进行贷款，且灌区骨干工程的运营利润空间较小，相比于采用“BOOT＋BTO”运作模式，会增加项目建成后一定时期内PPP项目公司承担运营期支出和偿还建设期贷款等资金压力，进而影响项目的运作效率。

（2）PPP合同缺少对水价、电价的调价机制约定。供水收益和发电收益是该枢纽工程的重要收入来源，在特许经营期30年内，供水成本和发电成本的增加必然会导致收益空间的减小，在这种情况下政府和社会资本如何对水价和电价进行合理调价，明确调价条件、调价方式和调整措施等调价机制，以保证社会资本的合理收益不受影响，是政府和社会资本进行PPP项目合同机制设计时必须考虑的问题。

（3）PPP合同缺少对综合利用水利工程实施应急调度时收益损失的补偿方法。该枢纽工程作为流域的控制性工程，在发生超标准供水、异常干旱事件或异常洪涝事件时必然会调整运行调度规则，由此所产生的PPP项目收益损失如何进行有效补偿，关系到枢纽工程的可持续运行，在合同机制中明确收益损失的补偿方法能够在实现枢纽工程防洪调度功能的同时保障社会资本的合理收益。

8.2 收益损失及补偿方法实例分析

8.2.1 “BOOT＋BTO”运作模式设计

针对该综合利用水利工程采用BOT运作模式的合同机制存在的不足，结合第4章对综合利用水利工程PPP项目的资产结构特征和“BOOT＋BTO”运作模式的优势分析，尝试在该水利枢纽工程招标中采用“BOOT＋BTO”的PPP项目运作模式，其中经营性较强的供水系统工程和发电系统工程采用BOOT运作模式，而公益性较强的枢纽大坝工程和灌区骨干工程采用BTO运作模式。经人民政府授权，由省水投公司组织公开招标选择社会资本，由省水投公司、地方政府和社会资本采用“BOOT＋BTO”的合作方式共同组建PPP项目公司，如图8.1所示。

针对该综合利用水利工程PPP项目的“BOOT＋BTO”运作模式特点，设计PPP项目合同机制如下所述。

1. 回报机制

采用可行性缺口补助形式，PPP项目公司的收益来源主要包括特许经营收益（供水收益、发电收益）、政府付费、政府补贴和收益损失补偿等，如图8.2所示。

（1）地方政府承诺枢纽工程的所有发电电量均由地方政府协调当地电网吸纳，并协助PPP项目公司与电力公司签订并网协议、入网电价协议和售电协议等。

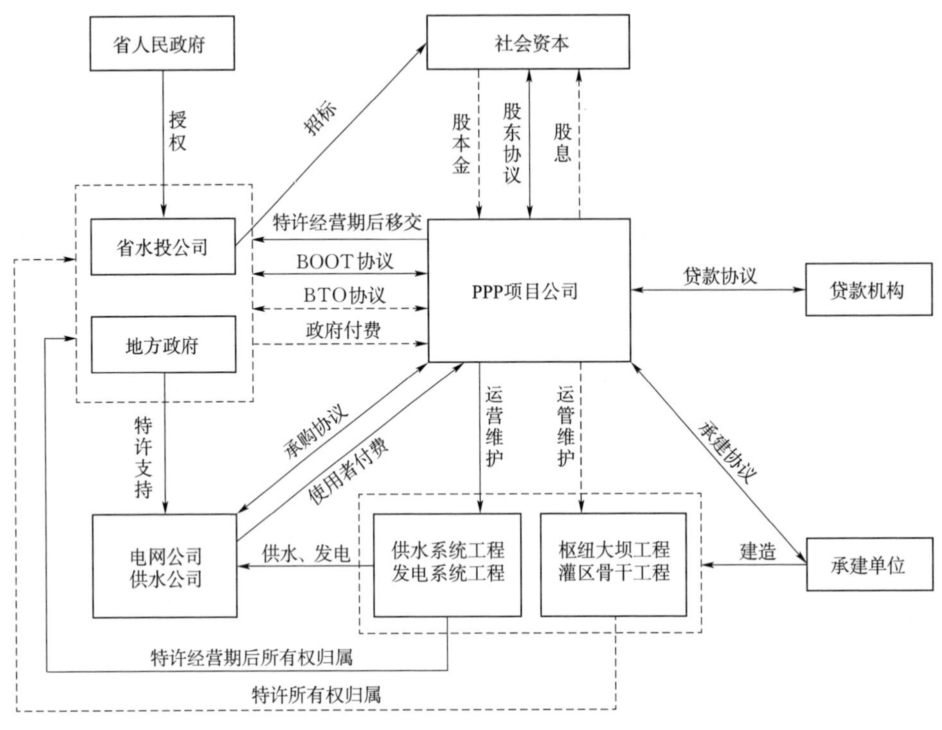

图 8.1　某综合利用水利工程 PPP 项目的“BOOT+BTO”运作模式

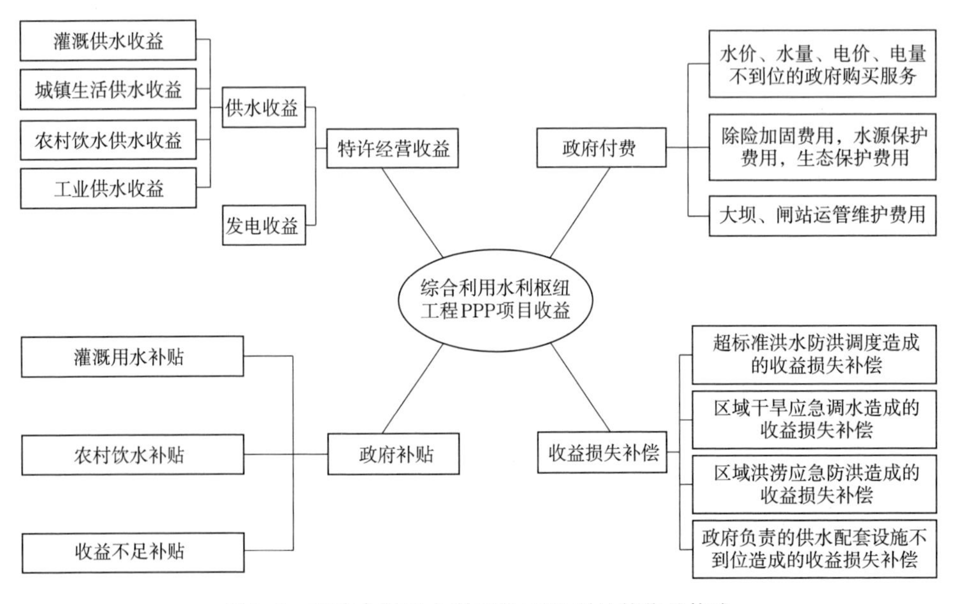

图 8.2　某综合利用水利工程 PPP 项目的收益构成

（2）达到设计年水平前，政府补贴灌溉用水水费收入和农村饮水水费收入，确保灌溉用水和农村饮水收入不低于1200万元每年。

（3）地方政府以30年为承诺期，前20年以5年为一个周期，后10年为一个周期对用水量、水价、电价做出承诺，地方政府承担水价、水量、电价和电量不到位等协议约定的政府购买服务。

（4）工程运行后第5年开始，若用水量未达到承诺量，政府将每年给项目公司不超过1000万元的补贴。

2. 风险分担

（1）政府主要承担非商业性风险，如政治和公共政策调整风险，社会、法律和金融风险，公共安全和环境风险，土地的获得及移民安置风险等。

（2）社会资本主要承担项目的融资、建设和运营风险等。当项目公司融资金额低于合同约定融资金额时，剩余部分金额由项目公司各股东分别作为融资主体按股比进行融资；因物价波动造成项目投资增加的由社会资本承担，由初设范围的设计变更引起的投资增加由社会资本承担；因超过约定施工工期引起的投资增加由社会资本承担，并按合同约定向政府支付项目延期损失。

（3）因防洪抗旱需要实施公益性应急调度、丰水年灌溉需水量减少或重大公共活动引起运行调度规则调整等造成PPP项目收益损失时，由省水投公司、地方政府和中电建联合体根据PPP合同约定的触发补偿阈采用区间累进方法确定收益损失补偿量，并协商确定合理的收益损失补偿方式。

3. 政策支持

（1）地方政府承诺枢纽工程建成运营15年内，经第三方机构进行审计得出的财务内部收益率低于社会资本投入后测算的财务内部收益率的情况下，政府投入部分不参与分成，优先让社会资本享有分成，以确保社会资本的合理回报。

（2）支持PPP项目公司在特许经营期内实施枢纽工程库区、坝区的旅游开发和农业开发，相关收益归PPP项目公司。

（3）根据PPP项目实际运营情况，当特许经营期结束财务内部收益率低于预期收益率时，PPP项目公司可向政府申请延长特许经营期。

（4）工程建成后，在保证城乡供水、灌溉用水等公益性用水的前提下，PPP项目公司可向政府申请调整发电用水量和供水水量的比例。

（5）在不改变或不影响枢纽工程使用功能且保障城乡供水、灌溉用水等公益性用水的前提下，PPP项目公司可在技术经济论证可行后向政府申请扩大电站总装机容量的申请。

（6）特许经营期结束后，如政府继续采用委托方式承担枢纽工程的运营管理，则中电建联合体拥有承担运营管理的优先权。

4. 退出机制

(1) 特许经营期内经营10年以上，社会资本可与政府协商退出。

(2) 当PPP项目公司违反经营合约，违反政策法律法规，擅自运行并危害公共利益和安全、影响水利枢纽安全、产品和服务达不到规定的标准和要求，违反协议约定，损害地方利益等，政府可提前收回经营权。

(3) 因不可抗力或意外原因确实需要提前终止经营权，或法律、政策修改、废止或重大调整需变更PPP协议未达成一致时，由政府和社会资本协商确定退出协议。

(4) PPP项目合作中止时，政府与社会资本均有权获得由于违约方未遵守相关全部或部分约定终止合作而使其遭受的损失、支出和费用的补偿，该补偿由违约方支付；社会资本违约，政府有权无偿收回枢纽工程建设、运营权。

8.2.2 发电收益和供水收益的联合收益损失

该水利枢纽工程PPP项目的发电收益和供水收益的相关参数见表8.1。

表8.1　发电收益和供水收益的相关参数

参数名称	参数值	参数名称	参数值
发电入网价格 p_w	0.3元/(kW·h)	发电机组效率系数 η	0.7645
流量～水头损失系数 τ	1.25×10^{-6}	年实际有效发电时间 T_{g1}	6570h
年实际有效发电时间 T_{g2}	5840h	平均原水价格 p_w	1.5元/m^3
年设计有效供水时间 T_{g1}	8760h	年实际有效供水时间 T_{g2}	8760h

根据该水利枢纽工程PPP项目的设计发电用水流量资料，通过蒙特卡洛方法生成样本长度为600个月的模拟数据，见附表，分析得出设计发电用水流量 Q_{f1} 服从广义极值分布，其形状、尺度和位置参数分别为0.0914956、54.1099、79.7565，相应经验频率分布和理论概率分布的对比情况如图8.3所示，可以看出经验点据与理论曲线拟合效果良好。

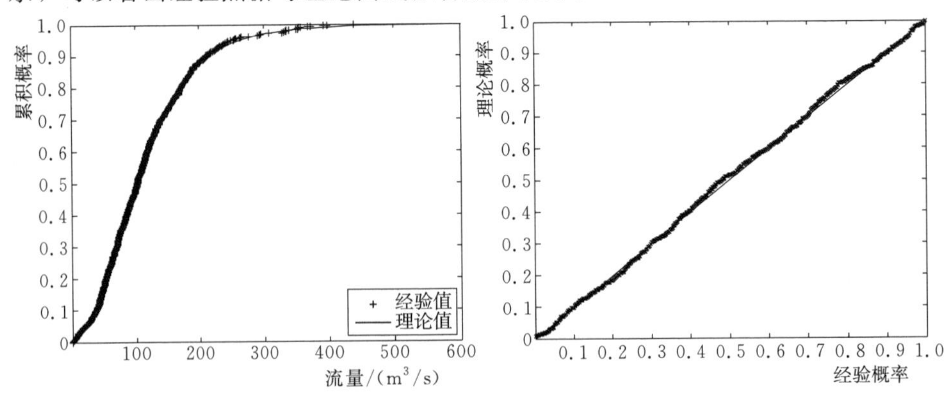

图8.3　设计发电用水流量经验频率分布和理论概率分布的对比情况

根据该水利枢纽工程PPP项目的设计供水流量资料，通过蒙特卡洛方法生成样本长度为600个月的模拟数据，见附表，分析得出设计供水流量Q_{g1}服从对数正态分布，其均值、标准差参数分别为2.59799、0.010282，相应经验频率分布和理论概率分布的对比情况如图8.4所示，可以看出经验点据与理论曲线拟合效果良好。

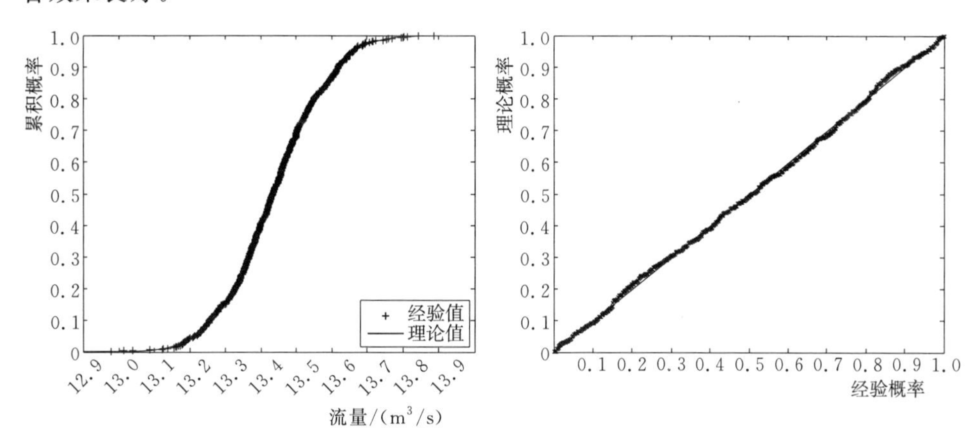

图8.4 设计供水流量经验频率分布和理论概率分布的对比情况

根据该水利枢纽工程PPP项目建成后前5年的实际发电用水流量资料，通过蒙特卡洛方法生成样本长度为600个月的模拟数据，见附表，分析得出实际发电用水流量Q_{f2}服从广义极值分布，其形状、尺度和位置参数分别为0.167354、49.456、73.5445，相应经验频率分布和理论概率分布的对比情况如图8.5所示，可以看出经验点据与理论曲线拟合效果良好。

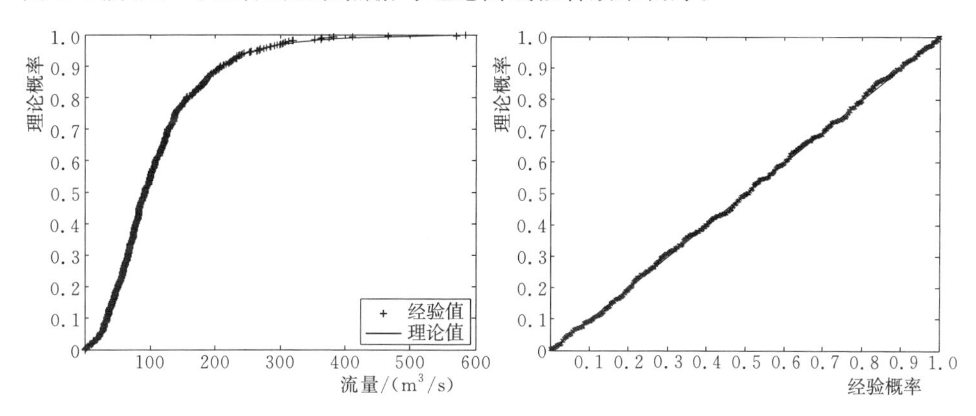

图8.5 实际发电用水流量经验频率分布和理论概率分布的对比情况

根据该水利枢纽工程PPP项目建成后前5年的实际供水流量资料，通过蒙特卡洛方法生成样本长度为600个月的模拟数据，见附表，分析得出

实际供水流量 Q_{g2} 服从对数正态分布，其均值、标准差参数分别为 2.48458、0.0103217，相应经验频率分布和理论概率分布的对比情况如图 8.6 所示，可以看出经验点据与理论曲线拟合效果良好。

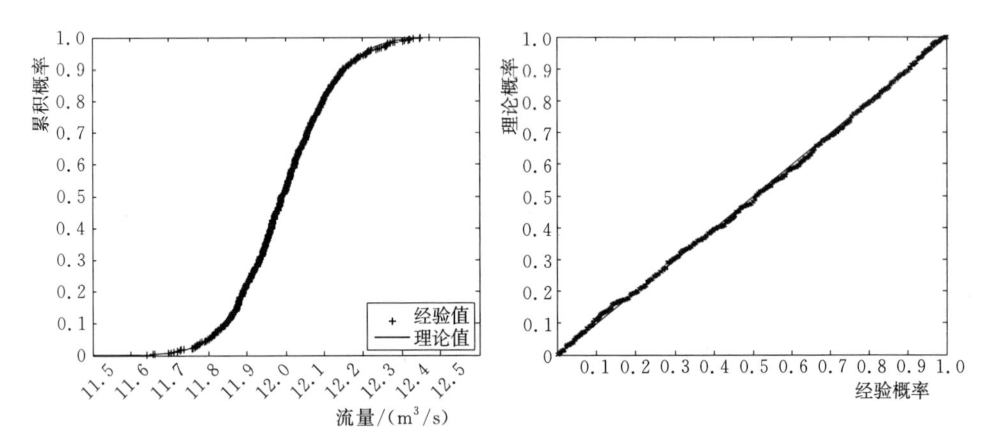

图 8.6　实际供水流量经验频率分布和理论概率分布的对比情况

结合表 8.1 的发电收益参数，将模拟获得的实际发电用水流量和设计发电用水流量代入式（6.1），计算发电收益损失 L_e（附表），分析得出 L_e 服从韦伯分布，其尺度、形状参数分别为 2.64841e+07、1.14095，相应经验频率分布和理论概率分布的对比情况如图 8.7 所示，可以看出经验点据与理论曲线拟合效果良好。

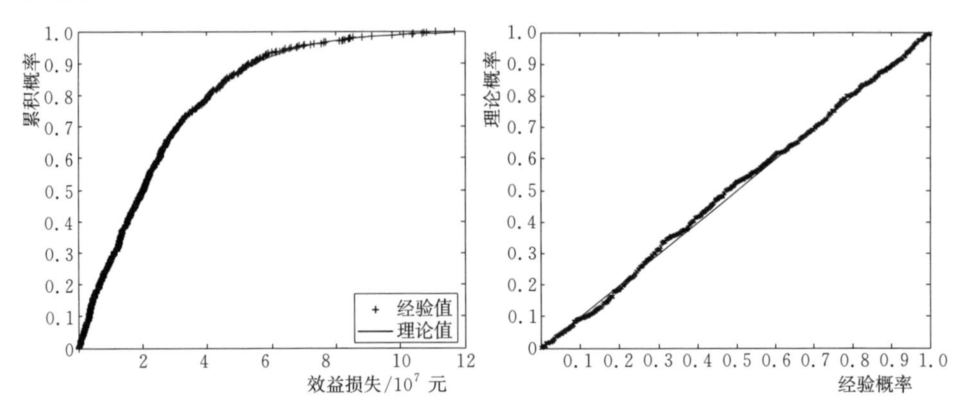

图 8.7　发电收益损失经验频率分布和理论概率分布的对比情况

结合表 8.1 的供水收益参数，将模拟获得的实际供水流量和设计供水流量代入式（6.11），计算供水收益损失 L_w（附表），分析得出 L_w 服从广义极值分布，其形状、尺度和位置参数分别为：−0.294228、9.38329e+06、6.53924e+07，相应经验频率分布和理论概率分布的对比情况如图 8.8 所示，可以看出经验点据与理论曲线拟合效果良好。

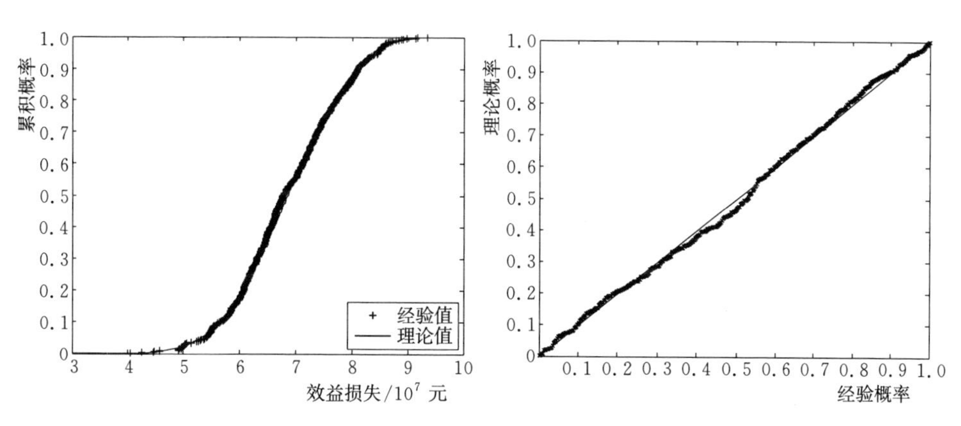

图 8.8　供水收益损失经验频率分布和理论概率分布的对比情况

计算发电收益损失 L_e 和供水收益损失 L_w 之间的 Pearson 相关系数、Kendall 相关系数和 Spearman 相关系数，见表 8.2，结果表明，发电收益损失 L_e 和供水收益损失 L_w 存在负相关关系，且非线性相关明显高于线性相关。

表 8.2　　　　发电收益损失和供水收益损失的相关系数

相关系数类型	相关系数值	相关系数类型	相关系数值
Pearson γ	−0.3297	Spearman ρ	−0.6175
Kendall τ	−0.6691		

因此，考虑采用能够刻画变量间负相关结构的 Frank Copula 函数，构建发电收益损失 L_e 和供水收益损失 L_w 的联合概率分布，相应 L_e 和 L_w 两变量联合分布的经验频率与理论概率对比如图 8.9 所示。结果表明，所构建的发电收益损失 L_e 和供水收益损失 L_w 的二维联合分布经验点据与理论曲线拟合效果良好。

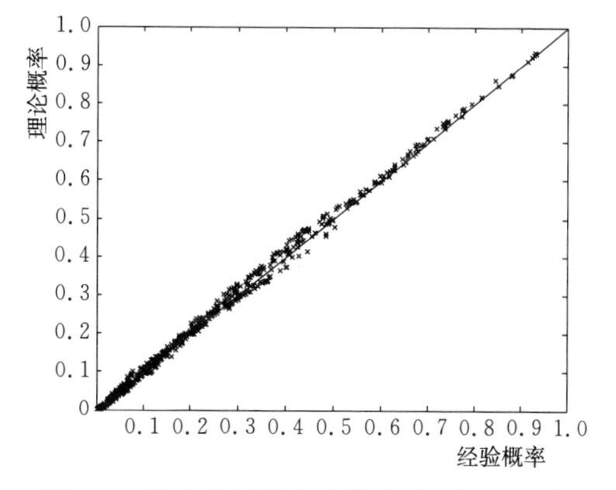

图 8.9　发电收益损失和供水收益损失联合分布经验频率与理论概率对比情况

图 8.10 和图 8.11 分别给出了发电收益损失 L_e 和供水收益损失 L_w 的 Frank Copula 两变量联合概率和联合重现期。

在此基础上，可进一步计算得到发电收益和供水收益的两变量同频率联合

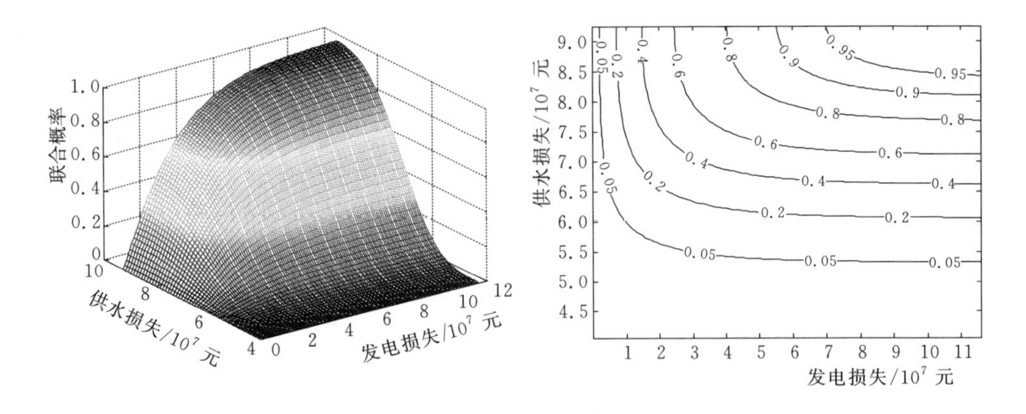

图8.10 发电收益损失和供水收益损失的Frank Copula两变量联合概率

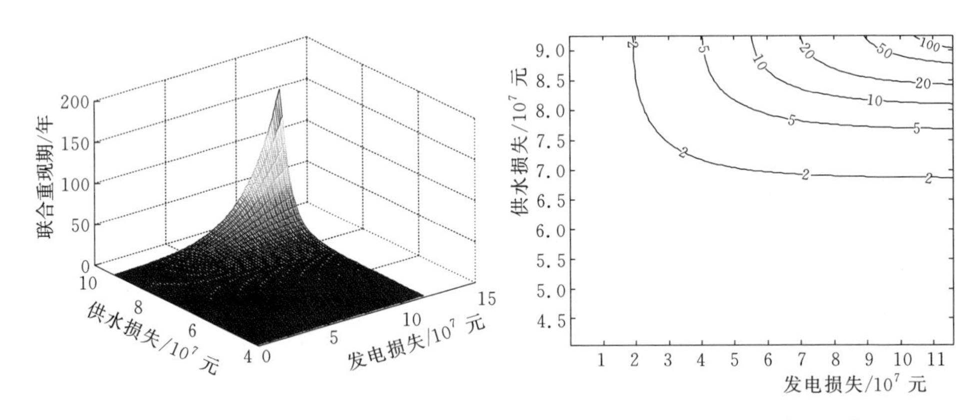

图8.11 发电收益损失和供水收益损失的Frank Copula两变量联合重现期

收益损失和相应单变量收益损失结果的对比情况，见表8.3。

表8.3 发电和供水同频率联合收益损失与单变量收益损失的对比

频率	联合收益损失/万元			单变量收益损失/万元			差值/万元
	发电损失 L_e	供水损失 L_w	合计	发电损失 L_e	供水损失 L_w	合计	
0.50	192.0763	686.5257	878.6020	317.0641	739.3475	1056.4116	−177.8096
0.80	401.9082	767.7171	1169.6253	538.7422	805.5598	1344.3020	−174.6766
0.90	550.1148	808.3554	1358.4702	687.5506	838.7007	1526.2513	−167.7811
0.95	692.8224	839.7496	1532.5720	828.9525	864.3029	1693.2554	−160.6834
0.98	875.3921	871.6610	1747.0530	1008.9701	890.3270	1899.2971	−152.2440
0.99	1009.9387	890.4497	1900.3884	1141.5223	905.6494	2047.1717	−146.7833

表8.3中，当发生2年一遇（即频率为0.50时）的公益性应急调度时，PPP项目公司发电收益和供水收益的联合收益损失值为878.6020万元，而单变量发电

收益损失和供水收益损失之和为 1056.4116 万元，联合收益损失值比单变量收益损失总和减小了 177.8096 万元；当发生 20 年一遇（即频率为 0.95 时）的公益性应急调度时，PPP 项目公司发电收益和供水收益的联合收益损失值为 1532.5720 万元，而单变量发电收益损失和供水收益损失之和为 1693.2554 万元，联合收益损失值比单变量收益损失总和减小了 160.6834 万元。结果表明，不同频率（重现期）下发电收益和供水收益的两变量同频率联合收益损失值小于单变量发电收益损失和供水收益损失的总和，其差值范围大致介于 140 万元至 180 万元之间，两者总体差别显著。

因此，当发生超标准洪水防洪调度、区域干旱应急供水或区域洪涝应急防洪等公益性应急调度时，相比于传统的计算发电收益损失和供水收益损失总和，采用 Copula 函数计算发电收益和供水收益的联合收益损失，更能够客观地、真实地反映出公益性应急调度造成的 PPP 项目公司收益损失。

8.2.3 应急调度的收益损失补偿

本书以特许经营期补偿方式为例对综合利用水利工程 PPP 项目区域干旱应急调水的收益损失补偿方法进行检验分析，收益损失补偿的相关参数见表 8.4。

表 8.4　　收益损失补偿的相关参数

参数名称	参数值	参数名称	参数值
发电边际运营成本 α_1	0.05 元/(kW·h)	供水边际运营成本 α_2	1.20 元/m^3
经营性设施固定运营成本 C_{fo}	4785.72 万元	经营性设施边际运营成本 β	318.50 万元
非经营性设施固定运营成本 C_{fp}	532.65 万元	非经营性设施边际运营成本 ρ	85.26 万元

该水利枢纽工程 PPP 项目特许经营期第 15 年发生了 10 年一遇（即频率为 0.90）的区域干旱事件，PPP 项目公司按照政府的抗旱要求调整枢纽工程运行调度规则，实施公益性应急调水造成的最低收益损失 $L_{r0}=798.5240$ 万元，发电收益和供水收益的联合收益损失值 $C(L_e, L_w)=1358.4702$ 万元，PPP 项目公司的应急调度最低运营成本 $L_{c0}=127.3572$ 万元，$k_1=1.60$，$k_2=1.20$。构建社会资本的应急努力程度和政府收益损失补偿分配系数的博弈模型，并运用 Matlab 求得优化组合 $(\theta, \tau)=(0.9450, 0.8700)$，即当社会资本的努力程度为 0.87 时，政府承担收益损失补偿分配额的 94.50%，即政府的收益损失补偿量为 1190.3489 万元。

针对特许经营期第 15 年政府承担的收益损失补偿量 1190.3489 万元，政府与社会资本协商一致同意在特许经营期 30 年结束时开始补偿。结合表 8.4 的相关参数，采用试算法将特许经营期补偿量 $\tilde{n}=0.25$ 代入式（7.13）中，得出补偿期 0.25 年内的 PPP 项目收益 $R_C=1213.0016$ 万元>1190.3489 万元，即特许经营期第 15 年的区域干旱应急调水造成的收益损失通过延长特许经营期 0.25 年可以得到有效补偿。

8.3 应用建议

通过上述案例应用分析，对综合利用水利工程 PPP 项目的建设管理和运营管理提出如下建议：

(1) 综合利用水利工程 PPP 项目的合同机制设计，要明确经营性设施和非经营性设施的不同收益方式，将 PPP 合同范围外的收益损失补偿作为 PPP 项目公司的收益组成部分，区别清楚合同范围内的收益不足补贴和合同范围外的收益损失补偿的应用范围和量化方式，从投资回报机制、风险分担机制、再谈判机制和退出机制等方面优化合同机制设计，在满足综合利用水利工程 PPP 项目的公益性效益要求的同时，保障 PPP 项目公司的合法收益，促进综合利用水利工程 PPP 项目的健康运行。

(2) 综合利用水利工程 PPP 项目实施公益性应急调度时，运行调度规则改变必然导致一定时间内枢纽工程的可用水量发生改变，考虑到发电用水流量和供水水量的相关关系，不能简单地以发电收益损失和供水收益损失之和作为 PPP 项目公司的特许经营收益损失，通过参数估计和拟合评价选择合适的 Copula 函数计算发电收益和供水收益的联合收益损失值，能够更加客观地反映出应急调度对 PPP 项目公司的特许经营收益造成的损失影响。

(3) 综合利用水利工程 PPP 项目实施公益性应急调度造成的收益损失，不能单纯地将该部分风险全部归责于政府或社会资本承担，一方面收益损失可能超过了社会资本单独承担的能力范围；另一方面收益损失全部由政府承担则容易使社会资本产生机会主义行为导致应急调度效率偏低。政府和社会资本应该按照风险共担的原则协商确定 PPP 项目公司合理的收益损失补偿量，政府通过设置合理的补偿分配方法激励社会资本增加努力程度采取有效的应急调度措施减轻收益损失，并根据收益损失情况协商确定合理的补偿方法。

8.4 本章小结

本章以某综合利用水利工程 PPP 项目为案例，对本书的研究理论成果进行算例分析。首先，分析了某综合利用水利工程 PPP 项目 BOT 运作模式存在的不足，设计了综合利用水利工程 PPP 项目“BOOT+BTO”运作模式的回报机制、风险分担、政策支持和退出机制等合同机制；其次，运用蒙特卡洛模拟分析了发电用水流量、供水流量、发电收益损失和供水收益损失的概率分布情况，根据发电收益损失和供水收益损失的负相关关系选择 Frank Copula 函数构建发电收益损失和供水收益损失的联合概率分布，分析了发电收益和供水收益的联合收益损失；再次，通过博弈模型分析确定了应急调度时的社会资本努力程度和政府收益损失补偿分配系数，计算了收益损失的特许经营期合理补偿量。最后，结合案例分析结果对综合利用水利工程 PPP 项目的建设管理和运营管理提出了建议。

第 9 章

总结与展望

9.1 研究工作总结

在国家鼓励和引导社会资本参与重大水利工程建设运营的大背景下，作为供水资源化管理的重要工程措施，越来越多的综合利用水利工程尝试运用 PPP 项目模式进行建设运营，在减轻政府建设融资压力的同时实现供水、灌溉、发电和防洪调度等综合目标。综合利用水利工程 PPP 项目的特许经营过程中不可避免地会发生突发应急事件引起运行调度规则改变，进而对 PPP 项目的收益产生影响，因此，需要研究并设计有效的 PPP 项目运作模式和补偿措施，在满足公益性应急调度需要的同时，保障社会资本参与综合利用水利工程 PPP 项目的合理收益。

本书以综合利用水利工程 PPP 项目为研究对象，围绕综合利用水利工程 PPP 项目的运作模式、收益损失和补偿方法等开展研究。本书取得的主要研究成果如下所述。

1. 设计综合利用水利工程 PPP 项目的“BOOT＋BTO”运作模式

梳理 PPP 项目的概念定义、回报机制和核心原则，研究 PPP 项目的管理机制创新功能、扩量融资功能和新技术推广应用等功能特征，分析 PPP 项目的 BOT、BOOT、BTO 和 BOT＋BT 等运作模式特点，研究 PPP 项目的特许经营期、运营量和运营价格的相关关系。

研究综合利用水利工程的基本属性、投资特征、效益特征和风险特征，分析综合利用水利工程的公益性可分资产、经营性资产和公用资产等资产结构特征，针对综合利用水利工程入库洪量和出库洪量的不确定性导致的发电流量和供水水量的随机性，运用能够建立确定性与随机性内在联系的广义概率密度演化方程，分析了综合利用水利工程的运行调度随机过程。

在分析综合利用水利工程的准公益性投资特征和资产结构特征的基础上，总结我国综合利用水利工程 PPP 项目实践取得的成果，分析目前综合利用水利工程PPP项目实践中存在的问题，指出综合利用水利工程采用BOT运作模式存在的前期运营维护资金压力大、公私双方风险分担不均，以及公共应急调度时的责任分摊纠纷等不足，设计提出综合利用水利工程PPP项目的“BOOT＋BTO”运作模式，即经营性设施采用BOOT运作模式，非经营性设施采用BTO运作模式，力争实现减少运营初期社会资本的资金压力、明确公私双方风险责任界定和保障公益性功能充分发挥等多重目标。

2. 提出包含收益损失补偿在内的综合利用水利工程PPP项目收益模型

在梳理综合利用水利工程PPP项目政府和社会资本的合作目的、风险承担、关注目标和投资收益基础上，研究综合利用水利工程PPP项目的合作基础，分析综合利用水利工程PPP项目的收益风险特征和收益风险因素，基于解释结构模型分析收益风险影响过程，创新性地将区别于政府补贴的收益损失补偿作为PPP项目收益的构成部分，分析包含BOOT经营型设施的特许经营收益、BTO非经营型设施的政府付费、政府补贴和收益损失补偿在内的综合利用水利工程PPP项目的收益结构，构建基于公私双方信息对称的综合利用水利工程PPP项目收益计算模型。

3. 构建综合利用水利工程PPP项目运行调度规则调整时的收益损失计算模型

在分析收益损失概念性过程特征的基础上，分别研究综合利用水利工程PPP项目实施超标准洪水防洪调度、区域干旱应急调水和区域洪涝应急防洪等公益性应急调度，以及丰水年灌溉需水量减少和重大公共活动引起运行调度规则调整时的PPP项目收益损失，基于修正总费用法对综合利用水利工程PPP项目的收益损失责任交叉部分进行区分，厘清合同双方的收益损失责任分担，设计BOOT经营型设施的发电收益损失和供水收益损失的计算模型，运用Copula函数理论分析发电收益和供水收益的联合收益损失，在考虑运行调度成本增加的基础上，构建包括发电供水联合收益损失和应急运行调度成本增加在内的综合利用水利工程PPP项目收益损失计算模型。

4. 建立综合利用水利工程PPP项目的收益损失补偿博弈模型并提出了收益损失补偿方法

针对水利工程PPP项目合同的不完全性导致的PPP项目合同柔性特征，结合项目实施情况和外部环境的变化，从实现风险共担的角度探讨包括再谈判、再融资、价格调整、政府补贴调整、支付特许经营费、特许期调整、收益再分配、退出机制和剩余价值保证等在内的水利工程PPP项目的柔性调节机制，在此基础上分析综合利用水利工程PPP项目收益损失补偿的必要性和可行性，梳理收益损失补偿的客观性、公平性、可持续性、动态补偿和补偿但不暴利等基本原则，根据运行调度规则调整造成的收益损失系数确定触发补偿阈，采用差额定率累进方法设计收益损失的触发补偿模型，建立了政府和社会资本之间基于应急努力程度和收益损失补偿分配系数的补偿博弈模型，分析综合利用水利工程PPP项目收益损失的资金补偿、特许经营期补偿、需求量补偿和价格补偿等补偿方式，研究公益性应急调度、丰水年灌溉需水量减少和重大公共活动引起运行调度规则调整等造成收益损失时的可行性补偿方法。

5. 通过实例对本书的研究成果进行了检验分析

以某综合利用水利工程PPP项目为例，分析了BOT运作模式存在的不足，设计“BOOT+BTO”运作模式的回报机制、风险分担、政策支持和退出机制等，运用蒙特卡洛模拟分析了发电用水流量、供水流量、发电收益损失和供水收益损失的概率分布情况，根据发电收益损失和供水收益损失的负相关关系，选择Frank Copula函数构建了发电收益损失和供水收益损失的联合概率分布，计算发电收益和供水收益的联合收益损失值，通过博弈模型分析量化确定了收益损失的合理补偿量，并结合实例分析结果对综合利用水利工程PPP项目提出了建设管理和运营管理的建议。

9.2 研究工作展望

本书研究以综合利用水利工程PPP项目为研究对象，针对综合利用水利工程PPP项目运行调度规则调整的收益损失及其补偿方法的理论与方法开展了一系列探讨性研究，得到了一些可供参考和借鉴的研究成果。但受限于作者的理论技术水平、工程实践经验和研究工作时间，本书的部分研究工作仍然存在一些尚需进一步研究探讨和完善的问题，主要包括以下几个方面：

(1) 本书设计综合利用水利工程PPP项目运行调度规则调整时的收益损失数学模型，基于发电收益和供水收益的联合收益损失量化分析收益损失值。但是，未考虑在应急调度过程造成可用水量减少或丰水年灌溉需水量减少的情况下，PPP项目公司如何采取有效措施优化调整发电用水量和供水水量的分配比例，使发电和供水的联合收益最大化，减小运行调度规则改变对发电收益和供水收益的联合收益损失值的影响，进而减轻政府的收益损失补偿压力，是需要进一步研究的问题。

(2) 本书量化分析综合利用水利工程PPP项目公益性应急调度时的收益损失量和政府合理补偿量，但是缺少与补偿方法配套的激励和约束机制，容易导致PPP项目公司存在逆向选择，在发生应急调度时疏于采取优化措施减少收益损失，社会资本的机会主义往往会打破补偿方法所预期的利益均衡，违背补偿方法所要实现的帕累托效益最优的目标。从激励契约的角度出发，政府和社会资本在补偿方法中如何设置有效地激励或惩罚措施，从帕累托收益最大化的角度优化选择特许经营期、需求量和价格的联动补偿方式，促进补偿方法实现公私双方效益的帕累托改进是未来值得研究的方向。

（3）本书开展的综合利用水利工程 PPP 项目收益损失补偿方法是从保障社会资本的 PPP 项目收益角度考虑的，没有考虑到消费者剩余的保障。因此，从社会资本利润和消费者剩余的共同角度研究特许经营期补偿、需求量补偿和价格补偿等收益损失补偿方法的有效性，分析社会资本利润和消费者剩余的帕累托改进的边界条件及相应的合理补偿范围，是将来可以深入研究的内容。

附表　发电流量、供水流量、发电收益损失和供水收益损失模拟样本数据

序号	Q_{f1}	Q_{f2}	Q_{g1}	Q_{g2}	L_e	L_w
1	196.70	96.09	13.42	11.87	91225066	65485649
2	65.41	26.38	13.55	12.04	14727230	65190344
3	167.38	73.67	13.22	11.89	1625987	74377911
4	91.68	74.73	13.31	12.21	11158587	55996395
5	106.08	65.76	13.20	11.95	5758456	85832967
6	265.67	73.77	13.52	11.91	6432683	50161710
7	139.19	108.56	13.38	11.84	26132971	45848466
8	117.47	76.23	13.29	11.97	7025118	53286746
9	187.44	99.25	13.32	12.26	17643251	84551679
10	114.18	36.84	13.36	11.94	2224203	74365841
11	88.80	85.02	13.09	12.10	3902942	67199889
12	136.96	78.91	13.41	11.99	27454171	64794630
13	54.69	45.27	13.51	12.08	39020172	70071620
14	46.58	37.82	13.27	11.95	19592257	59779760
15	106.54	81.15	13.53	11.92	97423588	56766734
16	149.46	42.35	13.50	11.99	4398785	64384670
17	205.64	136.30	13.45	12.02	4227789	50469037
18	382.78	11.39	13.67	12.05	14044415	70323047
19	125.46	41.83	13.30	11.98	12781325	69311646
20	116.06	59.30	13.42	11.93	47268811	64765446
21	122.17	108.27	13.51	11.91	50633928	82644739
22	50.49	17.34	13.27	12.12	12595848	73212035
23	97.30	36.13	13.38	12.04	738919	79945745
24	263.72	167.99	13.23	12.15	29485876	67119000
25	221.38	118.26	13.44	11.89	11995939	83765187
26	164.85	146.13	13.40	12.07	73542932	85003904
27	144.94	63.90	13.36	12.30	31475374	72602460

续表

序号	Q_{f1}	Q_{f2}	Q_{g1}	Q_{g2}	L_e	L_w
28	217.48	180.46	13.66	12.03	7263315	79578722
29	51.96	28.81	13.43	11.97	27536205	66972814
30	89.99	5.91	13.63	12.22	32953153	82407648
31	192.23	91.66	13.45	12.09	1445004	80529453
32	238.38	91.35	13.39	12.00	8544616	54358277
33	231.24	123.32	13.61	11.99	61399919	64521987
34	359.18	82.13	13.50	11.97	34748917	56586924
35	82.32	49.16	13.43	12.00	13672408	59415846
36	98.84	48.28	13.61	11.82	3316461	69149013
37	172.49	106.36	13.37	11.77	18694265	69019746
38	109.73	81.71	13.46	12.03	8831836	60187490
39	102.00	51.00	13.62	12.01	51176227	64434816
40	125.46	60.59	13.36	12.04	51255374	62343315
41	232.80	83.56	13.63	11.98	3604261	60123902
42	102.23	36.16	13.39	12.14	12446089	84605710
43	160.16	116.08	13.85	12.06	21372477	65101857
44	101.89	71.79	13.20	11.95	27042012	58583253
45	78.79	30.02	13.31	11.96	61258529	69087043
46	329.28	47.44	13.50	11.81	4873500	75350016
47	133.80	107.72	13.29	11.91	21080134	61219212
48	62.09	56.69	13.52	11.98	14552281	73899812
49	155.99	45.27	13.16	12.00	21461150	78775626
50	120.39	46.89	13.61	11.94	1239845	59851522
51	116.39	66.96	13.24	12.17	22630163	71609052
52	208.10	125.70	13.49	12.07	846267	58596664
53	44.24	40.64	13.50	11.83	18417029	74755618
54	239.36	149.56	13.60	11.98	30897890	68636856
55	188.10	56.46	13.24	12.02	3917490	79783959
56	167.85	122.11	13.42	11.99	5131656	87851314
57	76.70	60.84	13.67	12.25	26600485	63863582
58	183.84	7.23	13.46	12.19	49530973	62253117
59	584.27	14.48	13.30	12.12	19247726	66629985

续表

序号	Q_{f1}	Q_{f2}	Q_{g1}	Q_{g2}	L_e	L_w
60	130.51	124.06	13.48	11.90	48512999	61976390
61	196.54	78.10	13.30	12.11	48146368	76522110
62	82.63	63.60	13.48	11.87	38694862	74219381
63	119.02	84.58	13.57	12.10	19709224	79341431
64	186.63	140.18	13.45	11.95	10032176	55054987
65	150.15	146.35	13.36	12.12	9605662	60509688
66	81.67	21.82	13.58	11.94	63724661	60892625
67	225.22	79.14	13.50	11.86	40177215	50063402
68	172.55	133.33	13.47	12.10	21194397	73496572
69	128.78	95.91	13.47	11.80	35604236	86523268
70	257.17	155.58	13.48	12.21	31244925	57806314
71	290.59	256.97	13.36	12.03	23675613	71823757
72	106.24	102.50	13.47	11.94	10747045	63962722
73	98.86	53.54	13.57	11.77	24553067	68730538
74	181.62	122.17	13.34	11.95	29099135	73145633
75	154.62	82.81	13.28	11.89	91029400	60680895
76	85.82	84.92	13.36	11.93	16628923	73302953
77	37.47	32.11	13.62	11.97	81238352	80182289
78	128.11	63.07	13.31	12.21	24969022	77163355
79	102.14	51.63	13.57	11.92	5749349	58152121
80	177.83	114.06	13.40	11.89	44602211	76750170
81	108.88	57.18	13.37	11.96	19895306	81486761
82	198.96	148.81	13.76	11.92	888614	85623842
83	114.62	90.63	13.47	12.00	12628282	62597768
84	211.05	80.50	13.64	12.26	3541746	63902476
85	46.05	28.71	13.52	11.98	33312708	69464071
86	55.84	46.93	13.42	12.00	58476979	68535184
87	144.40	132.81	13.47	11.90	16409171	71419726
88	180.86	122.32	13.38	11.86	40030171	83123545
89	77.70	39.48	13.56	11.88	12211278	84905619
90	160.43	112.04	13.33	11.99	33164131	73426307
91	65.48	49.89	13.37	11.88	2072065	66460564

续表

序号	Q_{f1}	Q_{f2}	Q_{g1}	Q_{g2}	L_e	L_w
92	61.69	47.61	13.46	11.91	18253148	63190588
93	190.65	51.03	13.58	12.05	4562140	64033771
94	252.12	84.49	13.49	11.99	1656348	71558277
95	183.95	102.56	13.89	12.01	29008308	66020481
96	103.57	65.76	13.38	11.92	52213950	73473445
97	143.34	56.15	13.25	11.96	4006798	80901651
98	81.91	54.51	13.42	12.16	34197284	66491860
99	178.07	75.64	13.21	11.85	13089779	63136778
100	351.52	173.43	13.37	12.15	32231273	70973687
101	276.72	93.51	13.48	12.01	35286866	62345647
102	156.45	21.79	13.23	12.24	17848983	79289214
103	74.30	55.91	13.42	11.82	22365384	82815158
104	104.73	97.47	13.37	12.02	17757328	68331166
105	137.84	70.29	13.37	11.88	22274219	87148276
106	125.02	112.63	13.72	12.06	36714372	55077487
107	309.36	299.38	13.51	12.09	32714338	62261287
108	77.86	53.53	13.39	11.88	58141915	63273130
109	205.73	147.03	13.80	11.88	40545541	70265148
110	467.16	67.29	13.38	12.13	44433894	74377736
111	225.49	170.55	13.37	11.99	3073286	66963897
112	240.78	72.98	13.38	12.08	59054638	55275588
113	125.04	71.11	13.41	12.14	5765386	52764280
114	136.37	2.37	13.36	12.00	3739845	91710983
115	100.04	23.61	13.26	12.20	45254002	64994447
116	124.38	91.15	13.42	12.07	13667046	78946489
117	165.81	113.52	13.32	11.90	17971036	62283986
118	52.31	19.81	13.32	12.12	5064397	73519368
119	100.59	69.61	13.25	12.12	24095471	58585335
120	211.80	102.72	13.29	11.86	12531907	72420756
121	189.56	163.87	13.25	12.15	16580015	74823555
122	82.65	36.84	13.54	12.32	5854536	69630385
123	65.72	43.38	13.43	12.06	41493735	74679485

续表

序号	Q_{f1}	Q_{f2}	Q_{g1}	Q_{g2}	L_e	L_w
124	141.51	136.27	13.27	12.35	41898442	66544041
125	118.48	16.67	13.46	11.94	6455662	79686663
126	221.93	211.78	13.39	12.03	70025722	68269243
127	336.19	320.28	13.53	12.09	25606992	77121126
128	59.60	47.41	13.38	12.17	14899000	64969381
129	75.87	61.23	13.65	12.21	30160401	71268632
130	54.18	33.85	13.53	12.26	19485633	55376116
131	122.81	73.77	13.42	12.00	29823156	58372847
132	186.68	71.76	13.24	12.12	7170383	72017055
133	174.27	58.83	13.45	12.13	25436677	78030171
134	227.15	135.90	13.46	11.73	47611733	72150106
135	76.89	36.96	13.36	11.97	8088038	67235278
136	167.10	162.08	13.51	11.96	27767922	77826039
137	55.29	42.08	13.45	11.91	1825956	73664464
138	107.04	33.52	13.39	11.83	12998891	73093243
139	121.73	93.99	13.61	12.26	1601978	74504048
140	182.14	86.15	13.61	11.88	50921037	53927956
141	114.60	24.06	13.43	11.86	76976079	85175580
142	28.74	11.34	13.62	11.96	3494818	77595880
143	138.14	50.97	13.32	12.09	16991778	70208296
144	240.82	35.90	13.67	11.96	5185361	75342971
145	109.16	34.64	13.41	11.86	53859977	60107996
146	211.15	26.85	13.42	12.07	26009788	56597655
147	137.01	33.73	13.33	12.01	64232690	71138479
148	131.36	126.29	13.29	12.10	3765520	51474242
149	188.86	41.55	13.36	11.87	33376929	55342138
150	134.33	73.28	13.58	11.88	8168336	75160364
151	136.02	46.73	13.51	11.76	6515277	66109444
152	220.26	115.45	13.44	11.82	14769280	80475206
153	106.95	73.98	13.27	11.95	51904914	64889035
154	335.10	254.90	13.40	11.90	3698094	70571005
155	202.53	134.10	13.44	12.13	70453915	71221365

续表

序号	Q_{f1}	Q_{f2}	Q_{g1}	Q_{g2}	L_e	L_w
156	115.53	63.61	13.31	12.00	12892179	69053688
157	255.53	50.49	13.56	12.00	20699285	70210522
158	118.08	58.23	13.39	11.95	7589756	60931373
159	189.57	45.70	13.61	11.96	22043982	66437276
160	137.74	38.71	13.40	11.94	7624335	55948548
161	225.14	69.88	13.23	11.99	81851397	61195085
162	114.71	2.62	13.18	12.02	16004286	65682436
163	113.37	60.07	13.56	12.26	29302209	58434298
164	126.81	65.82	13.43	11.99	11122783	77429948
165	293.69	46.04	13.59	12.06	11083201	66292356
166	233.02	41.65	13.68	12.13	20632340	73464493
167	120.32	102.56	13.47	12.12	13271976	62132370
168	159.82	45.63	13.25	11.88	28738793	67434158
169	71.22	35.67	13.64	11.92	1694938	79961293
170	173.87	154.75	13.59	12.09	16064650	59589066
171	69.43	40.94	13.23	11.99	46384654	77823436
172	132.77	94.45	13.18	11.85	40921004	61553190
173	84.11	74.10	13.35	11.83	18243061	80693323
174	185.67	23.37	13.62	12.05	18862024	54976985
175	79.14	54.74	13.59	11.95	27553394	68383457
176	81.72	57.36	13.47	12.12	2856940	77438935
177	267.82	50.60	13.64	12.02	46270869	54814552
178	221.97	65.58	13.29	12.02	17916455	58672750
179	124.24	70.98	13.28	12.02	12823099	78768050
180	81.15	67.98	13.36	11.85	5073448	52461426
181	196.69	55.87	13.36	11.92	12965851	67197767
182	138.77	80.94	13.42	12.03	52679728	65324311
183	183.57	37.22	13.47	11.78	13600416	85785944
184	168.93	146.36	13.35	12.08	4463537	65307651
185	179.08	88.42	13.48	11.81	3186089	70260758
186	162.27	82.93	13.55	12.10	28272028	63637574
187	206.48	47.68	13.41	11.91	56222500	63622416

续表

序号	Q_{f1}	Q_{f2}	Q_{g1}	Q_{g2}	L_e	L_w
188	213.76	34.53	13.45	12.01	41092058	57922174
189	74.56	8.57	13.30	11.86	22646022	57424370
190	291.22	41.73	13.37	11.93	26996479	68281773
191	229.25	72.60	13.35	12.04	27626515	78172043
192	278.19	43.93	13.35	12.16	8587562	64658310
193	144.55	105.63	13.32	12.14	23534753	89725606
194	99.48	33.66	13.46	12.19	4567623	83123991
195	204.09	169.15	13.37	12.05	4660125	56163522
196	55.62	37.05	13.25	12.08	1753163	70591346
197	64.54	61.52	13.47	12.09	40731167	66625423
198	196.94	183.33	13.44	12.05	42200080	75084216
199	295.50	63.52	13.33	11.95	82194662	60500485
200	189.43	1.82	13.47	11.70	31788480	68074691
201	138.66	97.06	13.53	12.01	7801228	91444295
202	46.73	44.34	13.30	12.07	6275587	56096555
203	103.15	33.52	13.41	12.10	1109415	74324090
204	104.72	23.40	13.50	12.19	37430324	62945642
205	75.63	40.63	13.45	11.94	36283576	58481044
206	97.91	55.48	13.69	11.94	24358454	58509392
207	129.45	99.63	13.35	12.18	2413405	73295480
208	130.24	64.05	13.34	12.00	13814387	69818359
209	243.90	71.77	13.42	12.10	40816175	59254223
210	131.77	3.06	13.57	11.85	13227419	67732695
211	51.39	15.65	13.48	11.86	84456114	76841431
212	109.86	35.56	13.43	12.13	356323	80807661
213	60.18	26.52	13.34	11.96	19063	60811592
214	50.71	18.22	13.49	11.93	67788037	75188074
215	195.15	28.17	13.59	12.11	49929601	86016423
216	190.93	188.08	13.54	12.02	16455047	54414274
217	51.75	44.04	13.38	11.81	55525499	58803911
218	102.80	62.00	13.48	11.86	300470	58370153
219	152.86	69.11	13.64	11.99	3345739	72405301

续表

序号	Q_{f1}	Q_{f2}	Q_{g1}	Q_{g2}	L_e	L_w
220	102.65	78.08	13.18	11.98	15602070	66707695
221	106.40	86.57	13.80	11.80	82701282	63947098
222	105.27	23.79	13.42	11.73	12834744	63090081
223	206.18	48.55	13.69	12.02	38517020	81130970
224	157.09	65.13	13.34	11.91	3465401	60300657
225	94.92	67.89	13.64	11.91	20499721	66413053
226	180.13	99.39	13.43	11.87	4694598	79817681
227	208.53	34.76	13.25	11.81	10232900	60266683
228	83.27	75.85	13.33	12.10	13634445	65096851
229	114.83	110.46	13.46	12.00	679352	74150110
230	92.62	47.95	13.44	11.72	45658737	77439484
231	100.49	3.85	13.34	11.96	20546658	80692752
232	196.91	20.39	13.52	11.98	13713853	75271138
233	233.27	170.84	13.28	12.02	5621646	63706261
234	42.97	11.44	13.40	11.94	19477769	82525199
235	50.82	28.17	13.58	12.15	66334579	70533984
236	117.04	8.37	13.60	11.97	5098559	53770901
237	184.39	139.44	13.40	11.95	44040400	76394246
238	171.64	21.04	13.27	11.96	18165196	61620840
239	160.60	27.49	13.18	12.13	1974937	85128993
240	157.30	91.94	13.71	11.84	4109612	54421281
241	243.87	69.07	13.31	12.16	4718936	61050631
242	152.71	115.44	13.49	11.88	12838871	86842732
243	98.34	68.32	13.59	12.03	18258806	70102747
244	98.39	37.30	13.26	11.82	2666182	50563357
245	155.70	105.27	13.44	12.09	10789991	49752030
246	82.64	69.98	13.54	12.07	34227741	61854071
247	82.97	44.38	13.41	12.10	25891713	70336892
248	151.60	66.09	13.46	11.96	108165796	82474496
249	101.40	68.22	13.32	11.88	3948631	49404800
250	87.55	8.82	13.52	11.78	31697414	65902531
251	75.09	5.38	13.42	11.76	32083601	79626932

续表

序号	Q_{f1}	Q_{f2}	Q_{g1}	Q_{g2}	L_e	L_w
252	226.46	120.84	13.39	11.93	52448250	61461298
253	115.08	52.94	13.34	12.31	31651333	80118752
254	58.35	50.57	13.50	11.91	15743074	63210436
255	265.36	211.43	13.34	11.97	44178630	75563082
256	45.22	43.26	13.19	12.11	21572771	74070768
257	374.48	110.04	13.52	12.03	12912902	72452327
258	101.82	79.57	13.46	11.88	19210075	80924192
259	71.42	33.52	13.44	12.06	13030549	66362883
260	398.88	77.03	13.37	12.27	22041879	71179706
261	73.80	40.92	13.35	11.89	47164604	78943837
262	106.69	97.21	13.23	12.01	1972659	85964441
263	137.84	85.94	13.39	11.96	12138245	78362022
264	570.20	150.94	13.42	12.05	19937468	80084281
265	86.37	84.08	13.23	12.06	9784211	61823452
266	374.97	370.49	13.71	11.89	4447153	69351974
267	231.60	123.03	13.28	12.10	43253217	78025952
268	168.27	82.53	13.34	11.94	20765909	93530425
269	120.86	102.38	13.66	11.80	49954716	75921336
270	49.80	38.39	13.54	11.89	1753984	69398690
271	182.61	137.83	13.50	11.86	12959034	71835327
272	127.93	6.96	13.46	11.88	25118396	64782868
273	200.79	121.74	13.61	11.92	6602815	73956487
274	91.83	71.68	13.39	11.72	12464719	54840777
275	129.64	102.36	13.46	11.94	16314080	83006453
276	120.85	100.05	13.32	11.79	10476112	77036654
277	201.13	154.75	13.38	12.07	15413777	61068981
278	133.24	29.41	13.37	12.03	44156826	70985011
279	245.82	92.34	13.52	11.86	13118041	63184113
280	171.28	83.11	13.42	11.87	34827386	44878636
281	104.96	57.65	13.18	11.88	15592442	71817840
282	127.53	86.60	13.37	11.97	23519029	64471163
283	439.30	177.95	13.34	11.85	22124852	76311053

续表

序号	Q_{f1}	Q_{f2}	Q_{g1}	Q_{g2}	L_e	L_w
284	217.64	125.11	13.43	11.99	49813096	64035994
285	95.12	75.08	13.57	11.90	3562575	52794847
286	307.34	243.84	13.37	11.97	4054133	81020208
287	88.99	71.73	13.50	12.07	14957260	58937611
288	264.16	197.58	13.45	11.93	781973	68386008
289	149.56	96.54	13.34	12.04	15976469	71985713
290	143.25	30.82	13.32	11.66	3386624	60815384
291	124.72	3.95	13.52	12.02	64380062	65156759
292	140.70	139.94	13.54	11.97	2214086	84643944
293	149.27	61.89	13.43	12.18	20862656	60949844
294	68.07	57.81	13.39	12.21	20654179	80825699
295	107.35	42.46	13.55	11.89	17335161	74406860
296	173.72	94.92	13.54	12.03	35523932	65604449
297	148.89	59.77	13.60	11.89	56402203	75709573
298	296.34	216.08	13.40	12.16	2403176	69056157
299	128.52	125.92	13.41	11.90	16149230	70914207
300	283.83	146.01	13.46	12.11	9060201	63047411
301	278.15	98.19	13.24	12.01	25866511	78277691
302	303.29	162.31	13.62	12.11	30515771	73839698
303	87.21	81.03	13.12	11.95	3601298	61375665
304	88.14	56.57	13.53	11.83	30221130	55086695
305	113.47	46.56	13.45	11.78	55035253	72565241
306	130.18	129.25	13.46	12.06	19360530	49766754
307	36.31	6.47	13.45	11.96	21547754	88749398
308	119.09	55.29	13.32	12.09	26664373	72398170
309	175.41	174.20	13.58	12.11	58581347	49954391
310	263.75	107.01	13.49	12.09	12358870	82192613
311	130.82	93.75	13.44	11.99	22103555	70200548
312	103.52	96.08	13.42	11.93	50559394	61840970
313	122.26	119.95	13.60	11.88	10143191	66442064
314	84.03	61.38	13.34	12.22	3841066	64578719
315	81.98	43.56	13.33	12.08	18324689	62430588

续表

序号	Q_{f1}	Q_{f2}	Q_{g1}	Q_{g2}	L_e	L_w
316	186.50	101.39	13.53	11.89	40935207	54323828
317	89.44	45.31	13.66	12.12	25557911	67724453
318	168.00	38.86	13.53	11.99	29674271	61612885
319	355.20	52.47	13.49	12.06	9987615	84730385
320	110.58	103.74	13.30	12.13	15441382	71013470
321	106.66	63.58	13.40	12.14	42892100	78300182
322	214.00	38.51	13.46	12.09	50392802	57627347
323	116.18	65.15	13.51	12.01	5772376	71328261
324	99.25	72.87	13.35	12.03	14265696	67427819
325	117.91	41.15	13.25	12.08	23976225	75867614
326	155.07	77.18	13.44	12.00	33639847	74999855
327	174.98	77.56	13.55	12.10	690107	61784161
328	84.86	81.58	13.67	11.91	19489049	77100012
329	53.91	33.23	13.62	11.83	1077836	88250262
330	111.37	94.30	13.76	12.05	15337235	75224190
331	121.71	104.23	13.60	11.95	106924320	50695930
332	233.62	39.30	13.19	12.09	84271455	54548508
333	28.70	7.23	13.48	11.99	37250191	53087405
334	82.42	21.77	13.28	12.02	21391897	66099833
335	164.65	111.90	13.21	11.92	14716930	68513307
336	145.26	85.31	13.50	12.00	38081995	62363070
337	91.20	34.59	13.44	11.97	25594482	73109382
338	150.83	28.71	13.60	11.95	52456905	74632131
339	154.70	68.27	13.35	11.99	13710878	64502977
340	182.87	119.49	13.38	11.78	17090985	79858097
341	124.57	70.73	13.55	11.95	21872500	66216297
342	169.18	73.24	13.54	12.28	1282368	49231930
343	199.28	29.88	13.20	12.06	380396	83789818
344	85.86	50.13	13.48	11.89	10495048	77390706
345	119.24	23.27	13.55	12.15	54204419	74906105
346	91.82	25.12	13.43	11.84	72219089	81481471
347	78.95	36.36	13.65	12.06	6334340	80420242

续表

序号	Q_{f1}	Q_{f2}	Q_{g1}	Q_{g2}	L_e	L_w
348	89.07	80.38	13.24	11.88	24523496	62359591
349	35.59	32.16	13.58	12.00	9179225	58880306
350	149.58	64.93	13.47	11.86	28699445	72120374
351	76.01	64.35	13.46	12.18	6771421	67642590
352	113.83	41.80	13.35	11.91	3763057	72250805
353	91.11	32.32	13.29	11.91	3157679	72947286
354	98.82	51.34	13.37	11.91	55599030	58951832
355	127.47	93.38	13.37	12.04	38479386	64030939
356	171.59	91.00	13.25	12.07	12212405	73996962
357	137.67	114.59	13.49	12.16	28799069	40583573
358	182.41	76.24	13.61	12.05	13965967	59571720
359	121.59	99.17	13.14	12.00	23254768	71505533
360	362.46	188.38	13.46	12.07	27343608	54322208
361	169.42	54.24	13.39	12.06	25436181	62228786
362	120.64	12.87	13.34	12.06	36783971	85906787
363	393.29	69.07	13.65	12.33	21176875	63050008
364	73.38	44.97	13.41	11.93	8804787	67979522
365	332.69	185.81	13.36	12.03	4249255	67308385
366	90.97	48.35	13.40	12.02	35415619	77284248
367	79.42	29.10	13.27	12.14	30579788	75624932
368	41.75	40.19	13.26	11.97	36844044	72523496
369	83.99	50.70	13.46	11.95	23327686	66505476
370	232.62	72.81	13.46	11.99	12064870	58216765
371	107.60	40.55	13.43	12.07	85247580	66785704
372	337.05	49.10	13.18	11.97	20923687	61504432
373	196.45	131.88	13.50	11.83	10688296	72472657
374	83.25	81.13	13.61	11.96	25711859	70409700
375	68.32	25.77	13.25	11.84	16540857	64517116
376	181.94	87.05	13.63	11.74	11540943	74879021
377	208.86	4.09	13.44	11.92	8939086	63083997
378	184.97	87.45	13.43	11.77	15373987	60155361
379	168.57	7.32	13.51	11.79	2605762	56274266

续表

序号	Q_{f1}	Q_{f2}	Q_{g1}	Q_{g2}	L_e	L_w
380	202.22	156.54	13.42	11.89	41218712	68581199
381	66.26	59.95	13.38	12.08	53048815	62019289
382	16.03	0.87	13.49	12.07	11997837	84674135
383	87.14	62.45	13.50	11.76	68692130	70919899
384	189.00	89.38	13.69	12.26	32078750	56841747
385	354.47	253.56	13.65	12.02	20993818	83946376
386	254.20	148.99	13.66	11.97	6504453	70631300
387	108.76	62.70	13.40	11.99	9306529	67380784
388	133.51	122.35	13.25	12.05	7994014	60911155
389	125.25	73.37	13.33	12.15	5383950	82637617
390	67.00	31.42	13.19	12.03	28338815	86319023
391	220.71	112.37	13.33	12.14	3634979	66455141
392	157.50	97.06	13.36	12.14	320605	70891670
393	410.65	45.61	13.64	11.97	57742924	51611995
394	100.13	58.87	13.47	12.05	39261279	63876330
395	136.50	118.30	13.80	12.04	13738998	60331815
396	761.76	53.86	13.35	11.98	18100182	78802394
397	285.73	113.18	13.34	11.91	7757431	62973625
398	164.52	18.77	13.55	11.86	7359296	80413856
399	113.27	16.37	13.62	11.98	16792072	64702432
400	170.73	127.02	13.22	12.07	813151	49262978
401	101.63	99.92	13.60	11.89	24164907	61744315
402	227.94	99.64	13.54	11.99	23626192	63803524
403	121.85	10.18	13.52	12.32	126433	54377022
404	84.90	74.34	13.40	12.10	25603026	65809320
405	274.79	177.01	13.39	12.01	35449014	64736400
406	237.09	58.23	13.49	11.88	2648882	59555118
407	108.95	56.75	13.47	12.07	45275315	76283511
408	153.51	70.67	13.47	12.03	2198434	76077822
409	144.73	38.22	13.28	11.94	29549885	69609490
410	59.05	50.80	13.55	12.01	24220998	59512028
411	158.01	33.87	13.45	11.95	3528029	60471386

续表

序号	Q_{f1}	Q_{f2}	Q_{g1}	Q_{g2}	L_e	L_w
412	99.47	54.83	13.46	12.37	24081143	76458842
413	61.61	33.20	13.54	12.07	26833782	55414062
414	84.44	1.21	13.38	12.03	3478263	74497381
415	116.78	80.29	13.37	12.05	76478671	64578808
416	73.73	72.05	13.55	11.91	48007832	74520030
417	241.46	187.93	13.53	12.04	75700193	64884435
418	111.95	57.13	13.65	12.02	17189387	80994255
419	180.46	138.28	13.57	11.88	16166941	85211883
420	250.06	29.08	13.44	11.95	24954353	58445751
421	211.40	99.92	13.52	11.89	10155404	66791717
422	88.66	37.58	13.62	12.17	39264250	68717239
423	142.85	61.94	13.58	11.94	13366759	85824333
424	66.83	58.40	13.54	11.88	46373212	63972461
425	174.08	47.30	13.75	11.90	50930417	80600842
426	5.67	4.89	13.37	12.17	22163147	64912029
427	353.44	167.45	13.16	11.95	18834808	67255196
428	225.55	79.59	13.59	11.95	2280163	67673356
429	109.81	69.26	13.26	11.88	45576832	65778540
430	143.19	73.78	13.57	11.89	3992008	66419981
431	101.60	29.48	13.26	11.98	25712414	60955212
432	93.46	65.54	13.18	12.01	10741147	57267840
433	79.46	30.02	13.48	11.77	8338489	72976991
434	153.22	113.67	13.36	12.02	26359469	73849014
435	179.27	115.22	13.48	11.83	4583344	65005135
436	199.85	41.60	13.55	12.13	27760558	61808916
437	69.00	23.11	13.66	12.01	30082884	79599815
438	187.98	117.22	13.04	11.93	7954021	77126430
439	185.21	29.69	13.26	12.01	4466602	76179828
440	126.34	59.74	13.28	12.14	45664363	80385619
441	364.18	230.00	13.56	12.18	9241920	57205644
442	75.62	11.11	13.60	11.99	34753789	81399136
443	149.44	49.36	13.43	11.93	24826505	59337372

续表

序号	Q_{f1}	Q_{f2}	Q_{g1}	Q_{g2}	L_e	L_w
444	113.12	107.43	13.44	12.10	19825057	63453599
445	71.80	42.05	13.31	12.14	15314135	76204580
446	219.61	38.86	13.43	12.09	20242167	76273765
447	124.61	30.15	13.32	11.93	6712138	62327932
448	130.07	99.24	13.38	11.87	60260137	66318355
449	205.13	179.15	13.39	11.92	784236	61267038
450	166.14	29.60	13.64	11.97	5343270	63154226
451	88.00	75.19	13.40	11.93	9558055	66098881
452	32.36	28.25	13.49	12.14	22008738	72789521
453	81.41	61.11	13.35	11.97	5463794	79070092
454	169.00	103.30	13.40	12.03	37676410	58929330
455	72.96	24.02	13.20	11.85	28536730	80629806
456	186.22	86.69	13.32	12.00	7546746	77567256
457	133.00	68.51	13.42	11.91	22885245	76106761
458	169.19	49.10	13.50	12.11	76542269	72199651
459	118.12	47.58	13.45	12.05	15483332	64718028
460	244.99	66.88	13.33	12.02	20126291	72847187
461	122.89	94.32	13.31	11.97	58259206	77086664
462	89.39	36.94	13.42	12.20	53022433	78628573
463	191.30	98.73	13.70	11.94	173230	65865708
464	34.22	24.07	13.70	11.96	17101696	77034808
465	136.01	45.79	12.98	12.32	42192501	62861917
466	160.08	136.29	13.60	11.92	27155394	80233526
467	71.28	39.50	13.45	12.01	103936683	71892854
468	313.66	137.58	13.66	11.83	1449470	84402026
469	94.26	65.50	13.26	12.17	13280825	67693496
470	103.52	22.73	13.50	11.93	40472719	76771787
471	117.61	51.76	13.66	11.98	43430640	81102984
472	235.29	48.60	13.35	11.93	25609837	67820631
473	106.90	29.04	13.44	11.96	30498177	70880869
474	72.67	33.03	13.48	12.12	68261299	64962124
475	114.90	94.95	13.16	12.01	44206480	50365323

续表

序号	Q_{f1}	Q_{f2}	Q_{g1}	Q_{g2}	L_e	L_w
476	173.89	111.34	13.65	12.00	21204951	78705736
477	154.93	62.95	13.28	11.97	32595213	55188121
478	187.06	56.68	13.38	11.84	22363889	77809832
479	97.52	65.97	13.50	12.02	22979369	63854428
480	150.88	81.87	13.37	12.04	104191822	83442454
481	305.13	33.70	13.47	11.81	13112887	66075390
482	216.92	129.56	13.81	12.03	9121925	66372823
483	236.93	88.39	13.40	12.07	54788615	79640417
484	75.85	71.49	13.30	12.00	4289092	84593825
485	158.81	14.56	13.46	12.09	7807231	72528474
486	115.66	23.48	13.43	11.70	21448099	69718396
487	123.85	67.83	13.56	12.05	18166573	67617874
488	150.04	125.56	13.27	12.09	33040866	81938421
489	236.08	130.20	13.59	11.98	26121947	71251316
490	161.67	66.81	13.25	12.35	28999886	64738662
491	186.91	51.88	13.19	12.01	23142866	82367173
492	82.56	34.94	13.35	12.16	19247236	67261755
493	193.59	98.19	13.12	11.80	3102782	70238295
494	223.38	59.00	13.51	12.01	14430829	65057956
495	110.38	13.16	13.37	11.90	26004710	66107709
496	116.48	13.49	13.50	11.79	20902696	67325333
497	192.76	54.67	13.40	11.90	62746144	73699974
498	152.89	90.82	13.62	11.91	87934729	60320662
499	93.70	18.02	13.63	12.02	20884000	60567225
500	132.84	92.54	13.42	12.06	16557844	67874373
501	227.06	83.20	13.55	12.14	100972779	58690418
502	38.76	10.68	13.52	11.71	83810068	75373514
503	126.44	103.21	13.63	12.07	7945163	67251881
504	99.61	29.41	13.45	12.11	40121097	57360430
505	72.63	46.81	13.50	12.03	9801773	71828152
506	72.09	28.48	13.49	12.13	2329456	50339280
507	119.73	67.27	13.48	11.82	30974822	65418973

续表

序号	Q_{f1}	Q_{f2}	Q_{g1}	Q_{g2}	L_e	L_w
508	101.03	16.36	13.22	11.78	3638611	54771358
509	62.87	53.89	13.45	12.11	25829453	76239620
510	191.12	108.06	13.46	12.01	44651661	63699705
511	116.48	77.95	13.27	12.14	22839828	65440139
512	300.86	105.57	13.77	11.88	40051643	60304236
513	150.16	66.05	13.39	12.07	27924798	60596353
514	340.41	77.95	13.46	11.95	29885105	81866529
515	109.48	82.41	13.51	11.87	13499087	76158021
516	120.26	75.07	13.40	12.16	12040892	81056282
517	133.61	83.75	13.17	11.76	27374793	65838860
518	136.66	131.14	13.28	12.11	45818291	62627779
519	135.45	29.01	13.33	12.26	107409579	58162490
520	201.00	139.87	13.44	11.80	37247147	44820924
521	187.59	91.61	13.61	12.20	32114675	73631837
522	155.19	130.31	13.35	11.87	55436382	80250625
523	362.61	62.44	13.54	11.66	23581164	79404749
524	160.59	81.10	13.69	12.24	12693272	65724008
525	109.17	92.00	13.56	11.95	10077025	63179303
526	75.08	72.16	13.44	12.05	57427924	84912151
527	149.12	30.38	13.40	12.06	65574467	71965962
528	91.09	44.50	13.53	11.98	1896499	42695294
529	164.85	107.58	13.54	12.01	889536	60650848
530	115.73	41.55	13.36	12.10	14797243	74395661
531	295.74	136.68	13.53	12.26	32657189	59548994
532	140.43	81.75	13.43	12.18	25353119	66425068
533	87.42	65.83	13.34	12.09	30409119	55305538
534	84.96	73.28	13.49	11.96	2598216	89047394
535	236.56	2.56	13.50	11.97	6821592	62531077
536	318.79	124.66	13.64	12.03	40198013	54751336
537	202.70	46.48	13.53	12.13	40453181	84889865
538	107.78	45.46	13.24	12.01	5169571	65352961
539	59.43	57.16	13.51	12.21	51080235	66800701

续表

序号	Q_{f1}	Q_{f2}	Q_{g1}	Q_{g2}	L_e	L_w
540	297.11	90.88	13.22	12.22	31647391	68521415
541	625.72	58.98	13.35	11.73	9129030	76758607
542	89.13	42.62	13.21	11.99	56427144	63479069
543	119.84	101.40	13.42	12.01	32185156	70285567
544	304.63	169.98	13.53	12.06	15518962	68023197
545	109.51	83.08	13.35	12.12	46131951	81151780
546	268.51	63.20	13.69	11.90	6561505	76014109
547	206.50	10.11	13.41	11.98	6793961	81372740
548	176.39	22.21	13.46	12.01	25660443	71926690
549	126.25	109.18	13.34	11.85	45159171	70569141
550	92.46	56.03	13.50	11.97	64332113	55558710
551	74.98	47.86	13.34	11.97	17821767	60956215
552	90.57	57.90	13.38	11.88	58207004	61189373
553	130.12	32.57	13.38	12.05	7973999	74818444
554	140.57	67.14	13.72	11.96	7401122	73559214
555	129.86	45.44	13.17	12.05	48437605	60783346
556	206.12	4.42	13.49	11.95	7070088	66169229
557	137.35	57.61	13.43	11.64	6376848	66304800
558	70.10	41.22	13.41	11.90	9553476	63217817
559	119.16	44.49	13.34	11.97	116894539	81593357
560	110.15	102.36	13.52	12.00	2010060	61072784
561	142.14	90.22	13.61	11.95	11120588	67644436
562	136.61	12.45	13.63	11.94	13608532	61529610
563	189.45	54.60	13.62	12.21	44500122	80521361
564	238.33	136.30	13.32	11.95	20643979	72509905
565	100.39	66.59	13.24	11.90	27277039	71813197
566	184.55	83.88	13.30	11.83	3444811	57450684
567	268.31	96.37	13.41	12.17	17210477	59905168
568	207.88	55.46	13.49	11.81	8281471	71786895
569	81.17	76.65	13.01	11.90	720953	73001585
570	120.47	120.00	13.22	12.02	11297089	66230636
571	312.87	157.75	13.33	12.23	734759	63869521

续表

序号	Q_{f1}	Q_{f2}	Q_{g1}	Q_{g2}	L_e	L_w
572	73. 92	16. 69	13. 33	12. 08	2537991	73483529
573	121. 18	99. 85	13. 48	12. 05	20450144	74234947
574	209. 08	114. 92	13. 43	11. 97	11125782	65217960
575	146. 38	144. 07	13. 44	12. 06	44376341	61817929
576	111. 81	47. 82	13. 41	11. 93	19158634	70466797
577	119. 74	40. 46	13. 38	11. 86	22633940	49683437
578	36. 03	13. 38	13. 48	11. 94	41949030	71165970
579	219. 45	55. 40	13. 43	12. 09	1634550	72545894
580	79. 51	25. 89	13. 51	12. 08	3317861	61968016
581	131. 12	74. 23	13. 60	11. 94	60231658	73191550
582	61. 04	40. 66	13. 38	11. 93	21803671	45877147
583	355. 76	67. 01	13. 46	11. 92	19811520	64495279
584	233. 24	58. 08	13. 59	12. 02	30508208	58213459
585	107. 91	97. 49	13. 51	11. 87	6415512	68362203
586	145. 58	111. 70	13. 39	12. 04	28936250	60825595
587	178. 47	90. 02	13. 54	11. 93	25796207	73804101
588	227. 08	71. 52	13. 36	12. 18	9942827	68049864
589	59. 72	50. 20	13. 48	12. 11	22212523	72619566
590	207. 52	53. 03	13. 67	11. 86	35513600	66130067
591	187. 43	82. 93	13. 47	12. 01	15387742	61396118
592	170. 20	115. 76	13. 62	12. 06	7431630	67506765
593	197. 39	126. 17	13. 38	12. 15	40279188	72998326
594	75. 00	62. 26	13. 54	11. 94	27162752	61698209
595	96. 68	8. 28	13. 58	12. 05	110963350	82796136
596	72. 75	62. 67	13. 61	12. 05	39341252	55066904
597	44. 33	8. 92	13. 22	11. 97	9670696	78735887
598	178. 76	97. 83	13. 37	12. 28	39151808	55471500
599	136. 36	44. 21	13. 47	12. 06	11323405	64602008
600	67. 23	52. 74	13. 32	11. 83	54123063	57683800

参 考 文 献

[1] 李国英．在2022年全国水利工作会议上的讲话 [EB/OL]．(2022-01-06) [2022-01-07]．http：//www.mwr.gov.cn/xw/slyw/202201/t20220107_1558779.html.

[2] LI B，AKINTOYE A，EDWARDS P，et al. Perceptions of positive and negative factors influencing the attractiveness of PPP/PFI procurement for construction projects in the UK：Findings from a questionnaire survey [J]. Engineering，Construction and Architectural Management，2005，12 (2)：125-148.

[3] MEDDA F. A game theory approach for the allocation of risks in transport public private partnership [J]. International Journal of Project Management，2007，25 (3)：213-218.

[4] KE Y J，WANG S Q，CHAN A. Risk allocation in public-private partnership infrastructure projects：comparative study [J]. Journal of Infrastructure Systems，2010，16 (4)：343-351.

[5] TANG L，SHEN Q，CHENG E. A review of studies on Public-Private Partnership projects in the construction industry [J]. International Journal of Project Management，2010，28 (7)：683-694.

[6] EBRAHIMNEJAD S，MOUSAVI S，SEYRAFIANPOUR H. Risk identification and assessment foe build-operate-transfer projects：A fuzzy multi-attribute decision making model [J]. Expert Systems with Applications，2010，37 (1)：575-586.

[7] JIN X H，ZHANG G M. Modelling optimal risk allocation in PPP projects using artificial neural networks [J]. International Journal of Project Management，2011，29 (5)：591-603.

[8] SONG J B，HU Y B，FENG Z. Factors influencing early termination of PPP projects in China [J]. Journal of Management in Engineering，2018，34 (1)：1-10.

[9] GEOFFROY Q. Risk control strategies for public-private partnership projects [J]. Imperial Journal of Interdisciplinary Research，2017，3 (3)：275-280.

[10] LOOSEMORE M，CHEUNG E. Implementing systems thinking to manage risk in public private partnership projects [J]. International Journal of Project Management，2015，33 (6)：1325-1334.

[11] OSEI-KYEI R，CHAN A. Empirical comparison of critical success factors for public-private partnerships in developing and developed countries：A case of Ghana and Hong Kong [J]. Engineering，Construction and Architectural Management，2017，24 (6)：1222-1245.

[12] WU Y，LI L，XU R，et al. Risk assessment in straw-based power generation public-private partnership projects in China：A fuzzy synthetic evaluation analysis [J]. Journal of Cleaner Production，2017，161：977-990.

[13] BIANCA B，PAUL C. Managing risks in public-private partnership formation projects

[J]. International Journal of Project Management，2018，36 (6)：861 - 875.

[14] SHAN S. Status Quo and Analysis of Risk Management Based on the PPP Project of Coastal Construction Enterprises [J]. Journal Of Coastal Research，2019，98 (spl)：263 - 266.

[15] JIANG X，LU K，XIA B，et al. Identifying Significant Risks and Analyzing Risk Relationship for Construction PPP Projects in China Using Integrated FISM - MICMAC Approach [J]. Sustainability，2019，11 (19)，5206.

[16] 亓霞，柯永建，王守清．基于案例的中国 PPP 项目的主要风险因素分析 [J]. 中国软科学，2009，5：107 - 113.

[17] 柯永建．中国 PPP 项目风险公平分担 [D]. 北京：清华大学，2010.

[18] 陈炳权，侯祥朝，许叶林，等．PPP 污水处理项目关键风险因素探讨——泉州某污水处理项目实践 [J]. 建筑经济，2009，4：40 - 43.

[19] 孙艳丽，刘万博，刘欣蓉．基于 ISM 的 PPP 融资风险因素分析 [J]. 沈阳建筑大学学报（社会科学版），2012，1：41 - 44.

[20] 李丽，丰景春，钟云，等．全生命周期视角下的 PPP 项目风险识别 [J]. 工程管理学报，2016，30 (1)：54 - 59.

[21] 陈海涛，杨明珠，徐永顺．PPP 项目提前终止风险及传导网络研究 [J]. 经济纵横，2019 (6)：68 - 75.

[22] 谭艳艳，邹梦琪，张悦悦．PPP 项目中的政府债务风险识别研究 [J]. 财政研究，2019 (10)：47 - 57.

[23] 廖石云，肖彦，刘章胜．“一带一路”基础设施 PPP 项目面临的风险与对策 [J]. 建筑经济，2019，40 (11)：9 - 13.

[24] 袁竞峰，尚东浩，邱作舟，等．不同回报机制下 PPP 项目社会风险涌现机理研究 [J]. 系统工程理论与实践，2020，40 (2)：484 - 498.

[25] SADEGHI N，FAYEK A，PEDRYCA W. Fuzzy Monte Carlo simulation and risk assessment in construction [J]. Computer - Aided Civil and Infrastructures Engineering，2010，25 (4)：238 - 252.

[26] AMEYAW E，CHAN A. Evaluation and ranking of risk factors in public - private partnership water supply projects in developing countries using fuzzy synthetic evaluation approach [J]. Journal of EIsevier，2015，42 (12)：5102 - 5116.

[27] THOMAS N，WONG Y. Payment and audit mechanisms for non private - funded PPP - based infrastructure maintenance projects [J]. Construction Management and Economics，2007，25 (9)：915 - 923.

[28] LIKHITRUANGSILP V，Do S，ONISHI M. A comparative study on the risk perceptions of the public and private sectors in public - private partnership (PPP) transportation projects inVietnam [J]. Engineering Journal，2017，21 (7)：213 - 231.

[29] AHMAD U，IBRAHIM Y，MINAI M. Public private partnership in Malaysia：The differences in perceptions on the criticality of risk factors and allocation of risks between the private and public sectors [J]. International Review of Management & Marketing，2017，2 (7)：138 - 150.

[30] WU Y，XU C，LI L，et al. A risk assessment framework of PPP waste - to - energy incineration projects in China under 2 - di - mension linguistic environment [J]. Journal of

Cleaner Production，2018，183：602 - 617.

[31] KUMAR L，JINDAL A，VELAGA N R. Financial risk assessment and modelling of PPP based Indian highway infrastructure projects [J]. Transport Policy，2018，62：2 - 11.

[32] AHMADABADI A，GHOLAMREZA H. Risk assessment framework of PPP - mega-projects focusing on risk interaction and project success [J]. Transportation Research Part A - Policy and Practice，2019，124：169 - 188.

[33] 裴劲松，王丹．PPP项目在中国的发展应用——以北京地铁4号线运营为例 [J]. 经济师，2010，10：23 - 24，26.

[34] 王建波，杨冠楠，刘宪宁，等．基于模糊综合评价的廉租房PPP项目融资风险分析-以青岛市为例 [J]. 青岛理工大学学报，2012，1：101 - 106.

[35] 王森，任宪文．金融机构参与PPP项目的路径选择、风险管控及相关建议 [J]. 银行家，2015，11：79 - 80.

[36] 陈鹏．建筑垃圾处理产业化融资模式及PFI风险管理研究 [D]. 青岛：青岛理工大学，2013.

[37] 赵辉，王玥，张旭东，等．基于云模型的特色小镇PPP项目融资风险评价 [J]. 土木工程与管理学报，2019，36（4）：81 - 88.

[38] 韩红霞，刘松，崔武文．基于Monte - Carlo的城轨PPP项目投资风险评估 [J]. 土木工程与管理学报，2020，37（1）：75 - 81.

[39] 王松江，陈中奎．多元联系数法在高速公路PPP项目风险评价中的应用 [J]. 昆明理工大学学报（自然科学版），2020，45（2）：130 - 142.

[40] 苏海红，高永林，蔡菊芳．基于属性测度的PPP项目关键风险评价研究 [J]. 昆明理工大学学报（自然科学版），2018，43（1）：97 - 102.

[41] LAM K，WANG D，LEE P，et al. Modelling risk allocation decision in construction contracts [J]. International Journal of Project Management，2007，25（5）：485 - 493.

[42] CHAN A，LAM P，WEN Y，et al. Cross - sectional analysis of critical risk factors for PPP water projects in China [J]. Infrastructure Systems，2014，10：337 - 356.

[43] MEDDA F. A game theory approach for the allocation of risks in transport public private partnerships [J]. International Journal of Project Management，2007，25（3）：213 - 218.

[44] HURST C，REEVES E. An economic analysis of Ireland's first public private partnership [J]. The International Journal of Public Sector Management，2004，17（4）：379 - 388.

[45] KE Y J，WANG S Q，Chan A P，et al. Preferred risk allocation in China's public - private partnership projects [J]. International Journal of Project Management，2012，30（4）：511 - 522.

[46] MARQUES R，BERG S. Risk contracts and private - sector participation in infrastructure [J]. Journal of Construction Engineering and Management，2011，137（11）：925 - 932.

[47] WIBOWO A，PERMANA A，KOCHENDORFE B，et al. Modeling contingent liabilities arising from government guarantees in Indonesian BOT/PPP toll roads [J]. Journal of Construction Engineering and Management，2012，138（12）：1403 - 1410.

[48] LIU J，YU X，CHEAH C. Evaluation of restrictive competition in PPP projects using real option approach [J]. International Journal of Project Management，2014，32（3）：473 - 481.

[49] KHALID A, SALEH A, HALIM B. An evaluation of the impact of risk cost on risk allocation in public private partnership projects [J]. Engineering Construction and Architectural Management, 2019, 26 (8): 1696 - 1711.

[50] LI Y, WANG X. Risk assessment for public - private partnership projects: Using a fuzzyanalytic hierarchical process method and expert opinion in China [J]. Journal of Risk Research, 2018, 21 (8): 952 - 973.

[51] HAN Z, PORRAS - ALVARADO J, SUN J, et al. Monte Carlo simulation - based assessment of risks associated with public - private partnership investments in toll highway infrastructure [J]. Transportation Research Record: Journal of the Transportation Research Board, 2017, 2670: 59 - 67.

[52] XIONG W, ZHAO X B, WANG H M. Information Asymmetry in Renegotiation of Public - Private Partnership Projects [J]. Journal of Computing in Civil Engineering, 2018, 32 (4): 04018028.

[53] SHRESTHA A, TAMOŠAITIENĖ J, MARTEK I, et al. A Principal - Agent Theory Perspective on PPP Risk Allocation [J]. Sustainability, 2019, 11 (22), 6455.

[54] ALMARRI K, ALZAHRANI S, BOUSSABAINE H. An evaluation of the impact of risk cost on risk allocation in public private partnership projects [J]. Engineering Construction and Architectural Management, 2019, 26 (8): 1696 - 1711.

[55] 杜亚灵，尹贻林．PPP 项目风险分担研究评述 [J]. 建筑经济，2011，4：29 - 34.

[56] 鲍海君．基础设施 BOT 项目特许权期决策的动态博弈模型 [J]. 管理工程学报，2009，23 (4)：139 - 141.

[57] 何涛，赵国杰．基于随机合作博弈模型的 PPP 项目风险分担 [J]. 系统工程，2011，4：88 - 92.

[58] 宋金波，宋丹荣，富怡雯，等．基于风险分担的基础设施 BOT 项目特许期调整模型 [J]. 系统工程理论与实践，2012，32 (6)：1270 - 1277.

[59] 袁竞峰，陈振东，张磊，等．基于效用最大化的 PPP 项目社会资本社会风险决策行为研究 [J]. 系统工程理论与实践，2019，39 (1)：100 - 110.

[60] 袁宏川，张伟龙，游佳成．基于改进云模型的水利 PPP 项目风险分担研究 [J]. 水资源与水工程学报，2018，29 (6)：122 - 126.

[61] 王建波，王政权，张娜，等．基于灰色关联与 D - S 证据理论的城市地下综合管廊 PPP 项目风险分担 [J]. 隧道建设（中英文），2019，39 (S2)：28 - 35.

[62] 崔晓艳，张蛟，杨凯旋．基于博弈论的大型地铁项目 PPP 模式风险分担研究——以青岛地铁一号线项目为例 [J]. 建筑经济，2020，41 (3)：87 - 91.

[63] VIEGAS J M. Questioning the need for full amortization in PPP contracts for transport Infrastructure [J]. Research in Transportation Economics, 2010, 30 (1): 139 - 144.

[64] GU X, YAN Y, DENG YL, et al. Determination on the volume of project revenue bonds in PPP project: A case of Chongqing rail transit line 9 [J]. Journal of Interdisciplinary Mathematics, 2017, 20 (6 - 7): 1397 - 1400.

[65] LIU Q, LIAO Z, GUO Q, et al. Effects of Short - Term Uncertainties on the Revenue Estimation of PPP Sewage Treatment Projects [J]. Water, 2019, 11 (6): 1203.

[66] LOZANO J, SÁNCHEZ - SILVA M. Improving decision - making in maintenance poli-

cies and contract specifications for infrastructure projects [J]. Structure and Infrastructure Engineering, 2019, 15 (8): 1087 - 1102.

[67] BAE D, DAMNJANOIC I, KANG D. PPP Renegotiation Framework based on Equivalent NPV Constraint in the Case of BOT Project: Incheon Airport Highway, South Korea [J]. KSCE Journal of Civil Engineering, 2019, 23 (4): 1473 - 1483.

[68] WANG Y, CUI P, LIU J. Analysis of the risk - sharing ratio in PPP projects based on government minimum revenue guarantees [J]. International Journal of Project Management, 2018, 36 (6): 899 - 909.

[69] ASHURI B, KASHANI H, MOLENAAR K, et al. Risk - neutral pricing approach for evaluating BOT highway projects with government minimum revenue guarantee options [J]. Journal of Construction Engineering and Management, 2012, 138 (4): 545 - 557.

[70] JIN H, LIU C. Optimal Design of Government Guarantee and Revenue Cap Agreementsin Public—Private Partnership Contracts [J]. International Journal of Innovation, Management and Technology, 2020, 11 (1) .

[71] CHUNLING S, SUSUT M, DIEYUAN X. The measurement research on government subsidy of urban rail transit PPP project under uncertainty of revenue [C] //IOP Conference Series: Earth and Environmental Science. IOP Publishing, 2018, 189 (6): 062064.

[72] CHEAH C, LIU J. Valuing governmental support in infrastructure projects as real optionsusing Monte Carlo simulation [J]. Construction Management and Economics, 2006, 24 (5): 545 - 554.

[73] CARBONARA N, PELLEGRINO R. Revenue guarantee in public - private partnerships: a win - win model [J]. Construction Management and Economics, 2018, 36 (10): 584 - 598.

[74] MAN Q, SUN C, FEI Y, et al. Government motivation - embedded return guarantee for urban infrastructure projects based on real options [J]. Journal of Civil Engineering and Management, 2016, 22 (7): 954 - 966.

[75] NG A, LOOSEMORE M. Risk allocation in the private provision of public infrastructure [J]. International Journal of Project Management, 2007, 25 (1): 66 - 76.

[76] LIU T, BENNON M, GARVIN M, et al. Sharing the big risk: assessment framework for revenue risk sharing mechanisms in transportation public - private partnerships [J]. Journal of Construction Engineering and Management, 2017, 143 (12): 04017086.

[77] BABATUNDE S, PERERA S. Analysis of traffic revenue risk factors in BOT road projects in developing countries [J]. Transport Policy, 2017, 56: 41 - 49.

[78] SHARMA D, CUI Q, CHEN L, et al. Balancing private and public interests in public - private partnership contracts through optimization of equity capital structure [J]. Transportation Research Record, 2010, 2151 (1): 60 - 66.

[79] WU S L, YE S T. Allocating Benefits and Adjustment Strategies for PPP Model in Farml and Consolidation Projects Leading by Enterprises [C]. 2016.

[80] WANG Y, GAO H O, LIU J. Incentive game of investor speculation in PPP highway projects based on the government minimum revenue guarantee [J]. Transportation Re-

search Part A：Policy and Practice，2019，125：20－34.

[81] 孙春玲，任菲，张梦晓．公私合营项目收益系统动力学分析——以天然气项目为例［J］．中国科技论坛，2016（3）：131－137.

[82] 司红运，郑生钦，吴光东，等．养老地产 PPP 项目收益的系统动力学仿真模型［J］．系统工程，2018，36（12）：142－146.

[83] 王淑英，晋雅芳．城市地下综合管廊 PPP 项目收益研究——基于系统动力学方法的分析［J］．价格理论与实践，2017（5）：143－146.

[84] 叶晓甦，唐惠珽，熊伟，等．既有体育场馆 PPP 项目收益系统仿真研究：考虑交易成本［J］．成都体育学院学报，2017，43（3）：22－29，61.

[85] 寇杰．基于政府视角的 PPP 项目风险分担与收益分配研究［D］．天津：天津大学，2016.

[86] 胡丽，张卫国，叶晓甦．基于 SHAPELY 修正的 PPP 项目利益分配模型研究［J］．管理工程学报，2011，25（2）：149－154.

[87] 马强，刘登．非经营性 PPP 项目收益分配机制设计［J］．商业时代，2011（9）：97－98.

[88] 王颖林，傅梦，陈玲，等．基于公平偏好理论的 PPP 项目收益风险分配机制研究［J］．工程管理学报，2019，33（2）：97－101.

[89] 孙慧，叶秀贤．不完全契约下 PPP 项目剩余控制权配置模型研究［J］．系统工程学报，2013，28（2）：227－233.

[90] 张巍，任远谋．公租房 PPP 项目收益分配研究［J］．工程管理学报，2015，29（6）：59－63.

[91] 李珍珍，朱记伟，周荔楠，等．PPP 模式下准经营性水利工程收益分配研究［J］．南水北调与水利科技，2017，15（6）：203－208.

[92] 何天翔，张云宁，施陆燕，等．基于利益相关者满意的 PPP 项目利益相关者分配研究［J］．土木工程与管理学报，2015，32（3）：66－71.

[93] 郭琦，余祺姝，张思琪．基于 Shapley 值修正权重的 PPP 项目利益分配激励模型［J］．工程研究-跨学科视野中的工程，2018，10（5）：488－494.

[94] 方俊，王柏峰，田家乐，等．PPP 项目合同主体收益分配博弈模型及实证分析［J］．土木工程学报，2018，51（8）：96－104，128.

[95] CHAN A，AMEYAW E. The private sector's involvement in the water industry of Ghana［J］. Journal of Engineering Design and Technology，2013，11（3）：251－275.

[96] BRUX J. The dark and bright sides of renegotiation：An application to transport concession contracts［J］. Utilities Policy，2010，18（2）：77－85.

[97] GUASCH J，LAFFONT J，STRAUB S. Renegotiation of infrastructure concessions：An overview［J］. Annals Public & Cooperative Economics.，2006，77（4）：479－493.

[98] GUASCH J，LAFFONT J，STRAUB S. Renegotiation of concession contracts in Latin America：Evidence from the water and transport sectors［J］. International Journal of Industrial Organization，2008，26（2）：421－442.

[99] ALBALATE D，BEL G. Regulating concessions of toll motorways：An empirical study on fixed vs. variable term contracts［J］. Transportation Research Part A Policy & Practice，2009，43（2）：219－229.

[100] CRUZ C, MARQUES R. Using the economic and financial re - equilibrium model to decrease infrastructure contract incompleteness [J]. Journal of Infrastructure Systems, 2012, 19 (1): 58 - 66.

[101] CHAN H, LEVITT R. To talk or to fight? Effects of strategic, cultural, and institutional factors on renegotiation approaches in public - private concessions [J]. Global projects: Institutional and political challenges Cambridge University Press Cambridge Englan, 2011: 310 - 348.

[102] CRUZ C, MARQUES R. Endogenous determinants for renegotiating concessions: Evidencefrom local infrastructure [J]. Local Government Studies, 2013, 39 (3): 352 - 374.

[103] CRUZ C, MARQUES R. Flexible contracts to cope with uncertainty in public - private partnerships [J]. International Journal of Project Management, 2014, 32 (4): 473 - 483.

[104] RUSSO J, GUIMARAES M, BARREIRA D, et al. Renegotiation in Public - Private Partnerships: An Incentive Mechanism Approach [J]. Group Decision & Negotiation, 2018, 27 (6): 949 - 979.

[105] XIONG W, ZHANG X B, YUAN J F, et al. Ex Post Risk Management in Public - Private Partnership Infrastructure Projects [J]. Project Management Journal, 2017, 48 (3): 76 - 89.

[106] SHALABY A, HASSANEIN A. A decision support system (DSS) for facilitating the scenario selection process of the renegotiation of PPP contracts. 2019, 26 (6): 1004 - 1023.

[107] WANG Y L, LIU J C. Evaluation of the excess revenue sharing ratio in PPP projects using principal - agent models [J]. International Journal of Project Management, 2015, 33: 1317 - 1324.

[108] 邓小鹏, 熊伟, 袁竞峰, 等. 基于各方满意的 PPP 项目动态调价与补贴模型及实证研究 [J]. 东南大学学报 (自然科学版), 2009, 39 (6): 1252 - 1257.

[109] 宋金波, 党伟, 孙岩. 公共基础设施 BOT 项目弹性特许期决策模式——基于国外典型项目的多案例研究 [J]. 土木工程学报, 2013, 46 (4): 142 - 150.

[110] 宋金波, 靳璐璐, 付亚楠. 公路 BOT 项目收费价格和特许期的联动调整决策 [J]. 系统工程理论与实践, 2014, 34 (8): 2045 - 2053.

[111] 冯珂, 王守清, 伍迪, 等. 基于案例的中国 PPP 项目特许权协议动态调节措施的研究 [J]. 工程管理学报, 2015, 29 (3): 88 - 93.

[112] 石宁宁, 杨镇滔, 丰景春, 等. 交通 BOT 项目需求量变化情况下的价格动态调整研究 [J]. 过程管理学报, 2016, 30 (4): 63 - 68.

[113] 刘婷, 赵桐, 王守清. 基于案例的我国 PPP 项目再谈判情况研究 [J]. 建筑经济, 2016, 37 (9): 31 - 34.

[114] 居佳, 郝生跃, 任旭. 基于不同发起者的 PPP 项目再谈判博弈模型研究 [J]. 工程管理学报, 2017, 31 (4): 40 - 45.

[115] 吴淑莲. PPP 项目再谈判关键风险因素识别与操作规程设计 [J]. 工程管理学报, 2017, 31 (3): 70 - 74.

[116] 贺静文, 刘婷婷. PPP 项目争端谈判的关键影响因素 [J]. 土木工程与管理学报, 2017, 34 (1): 125 - 131.

[117] 倪明珠, 唐永忠, 刘婷婷. 基于演化博弈论的 PPP 项目再谈判策略分析 [J]. 工程

管理学报，2019，33（1）：56－60.

［118］ 刘华，史燕宇．基于案例推理的交通基础设施 PPP 项目再谈判触发点识别研究［J］. 隧道建设（中英文），2019，39（3）：348－354.

［119］ 尹贻林，穆昭荣，高天，等．PPP 项目再谈判触发事件验证研究［J］. 项目管理技术，2019，17（7）：37－44.

［120］ HO S，LIANG Y. An opyion pricing－based model for evaluating the financial viability of privatizes infrastructure projects［J］. Construction Management and Economics，2002，20（2）：143－156.

［121］ VAN R P. Subsidisation of urban public transport and the Mohring effect［J］. Journal of Transport Economics and Policy，2008，42（2）：349－359.

［122］ XIONG W，ZHANG X Q. Concession renegotiation models for projects developed through Public－Private Partnerships［J］. Journal of Construction Engineering and Management，2014，140（5）：1－9.

［123］ XIONG W，ZHANG X Q. Early－Termination Compensation in Public－Private Partnership Projects［J］. Journal of Construction Engineering and Management，2015，140（5）：1－9.

［124］ XIONG W，ZHANG X Q. The Real Option Value of Renegotiation in Public－Private Partnerships［J］. Journal of Construction Engineering and Management，2016，142（8）：21－35.

［125］ CRUZ C，MARQUES R. Flexible contracts to cope with uncertainty in Public－Private Partnerships［J］. International Journal of Project Management，2013，31（3）：473－483.

［126］ XIONG W，ZHANG X Q，CHEN Hr. Early－Termination Compensation in Public－Private－Partnership Projects［J］. Journal of Construction Engineering and Management，2015（5）：16－23.

［127］ SONG J B，FU Y A，OUSSENI B. Compensation Mechanism for Early Termination of Highway BOOT Projects Based on ARIMA Model［J］. International Journal of Architecture Engineering and Construction，2016，5（1）：53－60.

［128］ CHOWDHURY A，CHAROENNGAM C. Factors influencing finance on IPP projects in Asia：A legal framework to reach the goal［J］. International Journal of Project Management，2009，27（1）：51－58.

［129］ OXLEY M. Supply－side subsidies for affordable rental housing［J］. International Encyclopedia of Housing & Home，2012，81（sl）：75－80.

［130］ LEUNG C，SARPCA S，YILMA K. Public housing units vs housing vouchers：Accessibility local public goods and welfare［J］. Journal of Housing Economics，2012，21（4）：310－321.

［131］ OPAWOLE A，JAGBORO G. Compensation mechanisms for minimizing private party risks in concession－based public private partnership contracts［J］. International Journal of Building Pathology and Adaptation，2018，36（1）：93－120.

［132］ GARMEN J，FERNANDO O，RAHIM A. Private－public partnerships as strategic alliances［J］. Transportation Research Record：Journal of the Transportation Research Board No. 2062，2008：1－9.

[133] HO S. Model for financial renegotiation in public - private partnership projects and its policy implications: game theoretic view [J]. Journal of Construction Engineering and Management, 2006, 132 (7): 678 - 688.

[134] ALONSO - CONDE A, BROWN C, ROJO - SUAREZ J. Public private partnerships: incentives risk transfer and real options [J]. Review of Financial Economics, 2007, 16 (4): 335 - 349.

[135] ENGEL E, FISCHER R, GALETOVIC A. The basic public finance of public - private partnerships [J]. Journal of the European Economic Association, 2013, 11 (1): 83 - 111.

[136] ACERETE J, SHAOUL J, STAFFORD A, et al. The cost of using private finance for roads in Spain and the UK [J]. Australian Journal of Public Administration, 2010, 69 (s1): S48 - S60.

[137] IOSSA E, MARTIMORT D. Risk allocation and the costs and benefits of public - private - partnerships [J]. The RAND Journal of Economics, 2012, 43 (3): 442 - 474.

[138] CRUZ C, MARQUES R. Risk - sharing in highway concessions: contractual diversity in Portugal [J]. Journal of Professional Issues in Engineering Education & Practice, 2012, 139 (2): 99 - 108.

[139] XU Y, SUN C, SKIBNIEWSKI M, et al. System dynamics - based concession pricing model for PPP highway projects [J]. International Journal of Project Management, 2012, 10 (2): 240 - 251.

[140] HANS V D, VILLALBA - ROMERO F. Implications of the use of different payment models: the context of PPP road projects in the UK [J]. International Journal of Managing Projects in Business, 2016, 9 (1): 11 - 32.

[141] 高颖，张水波，冯卓．PPP 项目运营期间需求量下降情形下的补偿机制研究 [J]. 管理工程学报，2015 (2): 93 - 102.

[142] 谭志加，杨海，陈琼．收费公路项目 Pareto 有效 BOT 合同与政府补贴 [J]. 管理科学学报，2013，16 (3): 10 - 20.

[143] 吴孝灵，周晶，彭以忱，等．基于公私博弈的 PPP 项目政府补偿机制研究 [J]. 中国管理科学，2013，21 (11): 198 - 203.

[144] 曹启龙，盛昭瀚，周晶．激励视角下 PPP 项目补贴方式研究 [J]. 科技管理研究，2016，(14): 228 - 233.

[145] 王卓甫，侯嫚嫚，丁继勇．公益性 PPP 项目特许期与政府补贴机制研究 [J]. 科技管理研究，2017 (18): 194 - 201.

[146] 高颖，张水波，冯卓．不完全合约下 PPP 项目的运营期延长决策机制 [J]. 管理科学学报，2014，(2): 48 - 57.

[147] 杜杨，丰景春．给予公私不同风险偏好的 PPP 项目政府补偿机制研究 [J]. 运筹与管理，2017，26 (11): 190 - 199.

[148] 叶苏东．BOT 模式开发城市轨道交通项目的补偿机制研究 [J]. 北京交通大学学报（社会科学版），2012，11 (4): 22 - 29.

[149] 严华东，丰景春，薛松，等．准经营性基础设施 PPP 项目补偿机制的一个框架设计 [J]. 地方财政研究，2016 (4): 28 - 33，39.

[150] 严华东．准经营性基础设施 PPP 项目补偿方式比较及选择 [J]. 地方财政研究，

2017 (6): 100 - 105.

[151] 陈晓红，郭佩含．基于实物期权的 PPP 项目政府补偿机制研究 [J]. 软科学，2016, 30 (6): 26 - 29.

[152] 刘峰，袁竞峰，郭莉．基于风险偏好的城市轨道交通 PPP 项目补偿机制研究 [J]. 项目管理技术，2018, 16 (8): 19 - 25.

[153] 任志涛，雷瑞波，胡欣，等．不完全契约下 PPP 项目运营期触发补偿机制研究 [J]. 地方财政研究，2019 (5): 51 - 57.

[154] 沈俊鑫，王潇涵．基于系统动力学的养老 PPP 项目政府补偿机制研究 [J]. 工程管理学报，2019, 33 (1): 61 - 66.

[155] 张硕宇，任志涛，胡欣．不完全契约视角下 PPP 项目政府补偿机制研究 [J]. 项目管理技术，2017, 15 (8): 15 - 19.

[156] TIMANT A, KELMAN R. A stochastic approach to analyze trade - offs and risks associated with large - scale water resources systems [J]. WRR, 2007, 430 (6): 122 - 127.

[157] NAGESH K, JANGA R. Multipurpose Reservoir Operation Using Particle Swarn Optimization [J]. Journal of Water Resources Planning and Management, 2007, 133 (3): 192 - 201.

[158] MANTAWY A, SOLOMAN S, EI - HAWARY M. A innovation simulated annealing approach to the long - term hydro - scheduling problem [J]. Electric Power and Energy System, 2003, 25: 41 - 43.

[159] JALALI M, AFSHAR A, MARIFIO M. Multi - Colony Ant Algorithm for Continuous Multi - Reservoir Operation Optimization Problem [J]. Water Resource Management, 2007, 21: 1429 - 1447.

[160] MEHRDAD H, SEYYED H, REZA K. Deriving operating policies for multi - objective reservoir systems; Application of Self - Learning Genetic Algorithm [J]. Applied Soft Computing, 2010, 10 (4): 1151 - 1163.

[161] YAPO P, GUPTA H, SOROOSHIAN S. Multi - objective global optimization for hydrologic models [J]. Journal of Hydrology, 1998, 204 (1 - 4): 83 - 97.

[162] REDDY M, KUMAR D. Optimal Reservoir Operation Using Multi - Objective Evolutionary Algorithm [J]. Water Resources Management, 2006, 20 (6): 861 - 878.

[163] REDDY M, KUMAR D. Multi - objective particle swarm optimization for generating optimal trade - offs in reservoir operation [J]. Hydrological Processes, 2007, 21 (21): 2897 - 2909.

[164] 梅亚东，熊莹，陈立华．梯级水库综合利用调度的动态规划方法研究 [J]. 水力发电学报，2007, 26 (2): 1 - 4.

[165] 刘新，纪昌明，杨子俊，等．基于逐步优化算法的梯级水电站中长期优化调度 [J]. 人民长江，2010, 41 (21): 32 - 34.

[166] 张勇传，邴凤山，熊斯毅．模糊集理论与水库优化问题 [J]. 水电能源科学，1984, 2 (1): 27 - 36.

[167] 陈守煜，赵瑛琪．系统层次分析模糊优选模型 [J]. 水利学报，1988 (10): 3 - 12.

[168] 王本德．梯级水库群防洪系统的多目标洪水调度决策的模糊优选 [J]. 水利学报，1994 (2): 31 - 39.

[169] 王少波，解建仓，孔珂．自适应遗传算法在水库优化调度中的应用 [J]. 水利学报，2006，37 (4)：480－485.

[170] 张永永，黄强，畅建霞．基于模拟退火遗传算法的水电站优化调度研究 [J]. 水电能源科学，2007，25 (6)：102－104.

[171] 谢维，纪昌明，吴月秋，等．基于文化粒子群算法的水库防洪优化调度 [J]. 水利学报，2010，41 (4)：452－457.

[172] 王森，武新宇，程春田，等．自适应混合粒子群算法在梯级水电站群优化调度中的应用 [J]. 水力发电学报，2012，31 (1)：38－44.

[173] 万芳，邱林，黄强．水库群供水优化调度的免疫蚁群算法应用研究 [J]. 水力发电学报，2011，30 (5)：234－239.

[174] 原文林，曲晓宁．混沌蚁群优化算法在梯级水库发电优化调度中的应用研究 [J]. 水力发电学报，2013，32 (3)：47－54.

[175] 刘玒玒，汪妮，解建仓，等．水库群供水优化调度的改进蚁群算法应用研究 [J]. 水力发电学报，2015，34 (2)：31－36.

[176] 覃晖，周建中，王光谦，等．基于多目标差分进化算法的水库多目标防洪调度研究 [J]. 水利学报，2009，40 (5)：513－519.

[177] 覃晖，周建中，肖舸，等．梯级水电站多目标发电优化调度 [J]. 水科学进展，2010，21 (3)：377－384.

[178] 覃晖，周建中．基于多目标文化差分进化算法的水火电力系统优化调度 [J]. 电力系统保护与控制，2011，39 (22)：90－97.

[179] 周建中，李英海，肖舸，等．基于混合粒子群算法的梯级水电站多目标优化调度 [J]. 水利学报，2010，41 (10)：1212－1219.

[180] 刘克琳，王宗志，程亮，等．水库防洪错峰调度风险分析方法及应用 [J]. 华北水利水电大学学报（自然科学版），2016，37 (6)：43－48.

[181] BURTON I，KATES R，WHITE G. The Environment as Hazard，2nd edition [M]. New York：The Guidford Press，1994.

[182] OUTLLETE P. Application of extreme value theory to flood damage [J]. Journal of Water Resources Planning and Management，1985，111 (4)：467－477.

[183] BEAN E. Flood depth－damage curves by interview survey [J]. Journal of Water Resources Planning and Management，1988，114 (6)：613－634.

[184] DIAO Y F，WANG B D. Risk analysis for flood－control structure under consideration of uncertainties in design flood [J]. Natural Hazards，2011，58 (1)：117－140.

[185] 傅湘，王丽萍，纪昌明．洪灾风险评价通用模型系统的研究 [J]. 长江流域资源与环境，2000，9 (4)：518－524.

[186] 金菊良，魏一鸣，杨晓华．基于遗传算法的洪水灾情评估神经网络模型探讨 [J]. 灾害学，1998，13 (2)：6－11.

[187] 金菊良，张欣莉，丁晶．评估洪水灾情等级的投影寻踪模型 [J]. 系统工程理论与实践，2002，22 (2)：140－144.

[188] YANG X L，ZHOU J Z，DING J H，et al. Study on Evaluation Methods of Flood Disaster Grade [J]. The Sixth International Conference on Fuzzy Systems and Knowledge Discovery，Tianjin，China，FSKD，2009 (4)：386－390.

[189] DENG W P, ZHOU J Z, YANG X L, et al. A Real - time Evaluation Method Based on CloudModel for Flood Disaster [J]. 2009 International Conference on Environmental Science and Information Application Technology, ESIAT, 2009, 3: 136 - 139.

[190] HUANG Z W, ZHOU J Z, SONG L X, et al. Flood disaster loss comprehensive evaluation model based on optimization support vector machine [J]. Expert Systems with Applications, 2010, 37: 3810 - 3814.

[191] 黄显峰，黄雪晴，方国华，等．洪水资源利用风险效益量化研究 [J]. 华北水利水电大学学报（自然科学版），2016，37（6）：49 - 54.

[192] 丁志雄，胡亚林，李纪人．基于空间信息格网的洪灾损失评估模型及其应用 [J]. 水利水电技术，2005，36（6）：93 - 96，101.

[193] 邢贞相，付强，芮孝芳．两种实用的洪灾损失频率分析方法 [J]. 系统工程理论与实践，2006（2）：127 - 132.

[194] 朱留军．基于 GIS 在洪灾损失评估中的应用 [J]. 城市勘测，2009，6：36 - 38.

[195] 丁大发，吴泽宁，贺顺德，等．基于汛限水位选择的水库防洪调度风险分析 [J]. 水利水电技术，2005，36（3）：58 - 61.

[196] 周惠成，董四辉，邓成林，等．基于随机水文过程的防洪调度风险分析 [J]. 水利学报，2006，37（2）：227 - 232.

[197] 钟平安，曾京．水库实时防洪调度风险分析研究 [J]. 水力发电，2008，34（2）：8 - 9.

[198] 刘艳丽，周惠成，张建云．不确定性分析方法在水库防洪风险分析中的应用研究 [J]. 水力发电学报，2010，29（6）：47 - 53.

[199] 周研来，梅亚东．基于 Copula 函数和 Monte Carlo 法的防洪调度风险分析 [J]. 水电能源科学，2010，28（8）：43 - 45.

[200] 刘招，席秋义，贾志峰，等．水库防洪预报调度的实用风险分析方法研究 [J]. 水力发电学报，2013，32（5）：35 - 40.

[201] 陈娟，钟平安，徐斌．基于随机微分方程的水库防洪调度风险分析 [J]. 河海大学学报（自然科学版），2013，5（6）：400 - 404.

[202] 王丽萍，黄海涛，张验科，等．梯级水库群联合防洪调度风险估计模型 [J]. 中国农村水利水电，2014（1）：69 - 72.

[203] 李素梅，杨杰，张庆，等．我国 PPP 模式发展路径分析及比较研究 [J]. 工程管理学报，2018，32（6）：52 - 57.

[204] 全国 PPP 综合信息平台项目管理库 [DB]. http://www.cpppc.org:8082/inforpublic/homepage.html#/projectPublic.

[205] 熊伟，诸大建．以可持续发展为导向的 PPP 模式的理论与实践 [J]. 同济大学学报（社会科学版），2017，28（1）：78 - 84，103.

[206] 大连理工大学，国家防汛抗旱总指挥部办公室．水库防洪预报调度方法及应用 [M]. 北京：中国水利水电出版社，1996.

[207] 鄂竟平．论控制洪水向洪水管理转变 [J]. 中国水利，2004，8：15 - 21.

[208] 中华人民共和国水利部．2019 中国水利发展报告 [M]. 北京：中国水利水电出版社，2019.

[209] 陈雷．水电与国家能源安全战略 [J]. 中国三峡（科技版），2010（2）：5 - 7.

[210] 李杰，陈建兵．随机动力系统中的概率密度演化方程及其研究进展［J］．力学进展，2010，40（2）：170-188.

[211] 张鸿喜．咨询工程师对工程施工承包合同费用变动管理研究［D］．天津：天津大学，2003.

[212] NELSEN R B. An introduction to Copula［M］. New York：Springer，1999.

[213] 郭生练，闫宝伟，肖义，等．Copula函数在多变量水文分析计算中的应用及研究进展［J］．水文，2008，28（3）：1-7.

[214] 马明卫．Meta-elliptical copulas函数在干旱分析中的应用研究［D］．西安：西北农林科技大学，2011.

[215] 杜亚灵，李会玲．PPP项目履约问题的文献研究：基于2008—2014年间英文文献的分类统计［J］．工程管理学报，2015，29（4）：27-33.

[216] 聂相田，李智勇，王博．水利工程PPP项目合同柔性调节机制研究［J］．水电能源科学，2017，35（11）：145-148.